國家地理
終極氣象
百科

作者／史蒂芬妮・華倫・德里默

翻譯／陳厚任

史上最完整的
天氣知識
參考書

Boulder Media 大石文化

目錄

序

頭頂烏雲聚集。幾滴雨落下，接著愈下愈大。遠方雷聲隆隆。

雪靜靜飄落，為地面罩上一層蓬鬆的白毯，將城市風景變得有如聖誕卡。

強風颳起了一堵幾百公尺高的沙牆，橫越沙漠，所經之處無不籠罩在它的陰影下。

世界各地的人一早起床都會先看向窗外，確認今日天氣如何。不過天氣遠遠不只是決定今天要不要帶傘這麼簡單的一回事而已。天氣可以是一陣涼風、一個溫暖的日子、一道美麗的彩虹或一場壯麗的落日。它也可以是一場猛烈的暴風雨、一個肆虐的龍捲風，或是一陣奪命的熱浪。

古代人認為，天氣現象是神祕力量在背後驅動的。如果洪水或熱浪摧毀了作物，他們會認為是因為神明生氣了。但今日我們知道，天氣是各種自然力交互作用的結果，這些自然力會不斷隨著時間和地點而改變。現在我們已經可以測量和預知天氣，但仍無法控制它。天氣可以促成一場完美的滑雪假期，也可以摧毀一整座城鎮。

天氣影響的也不只是人類。所有動物，不論是飛舞的蝴蝶還是巨大的北極熊，都必須面對萬變的天氣。許多動物都已演化出驚人的適應力，協助牠們熬過暴風雨或乾旱等極端天氣。

你若對天氣背後的原理感到好奇，這本書絕對是不二之選。你可以跟著一滴雨水了解地球的水循環，也可以聽聽近距離接觸狂暴天氣的追風者怎麼說。準備好展開冒險了嗎？看下去就對了！不過你可能會需要帶把傘，以備不時之需！

史蒂芬妮・華倫・德里默
科學作家，《終極氣象百科》作者

前言

我的工作很酷：我是個大氣科學家。我研究地球的大氣層，以及所有的天氣現象。但我主攻的是巨型風暴！

大部分人都是逃離呼嘯的強風以及強力氣旋，但我卻朝它們衝過去。為什麼？因為我想了解這些強大的力量內部究竟是怎麼回事。

我原本不知道這會變成我的職業，但我從小就知道我喜歡自然、科學和物理。對我來說，不論是摩天大樓還是閃電，一樣東西愈怪、愈大、愈極端，就愈吸引我。龍捲風、颶風和其他天氣現象對我來說是那麼刺激又神祕，我忍不住想要了解更多。

大家都關心天氣，因為它影響著人類每一天的生活。晴天、颱風、下雨——當你踏出門外，外頭迎接你的是什麼非常重要。要了解天氣，就必須先了解天氣的基礎元素——也就是那些最基本的道理。氣象學（也就是研究天氣的學問）必須整合許多不同的學門——電腦科學、物理學、化學、數學、工程學，才可以了解天氣背後的機制。

關於天氣，還有好多我們還不知道的事！本書是個很好的資源，可以讓讀者了解天氣是什麼、它又如何影響世界各地的生物。所以燃起你的好奇心、勇往直前，開心探索一切有關天氣的知識！

凱倫·科斯芭（Karen Kosiba）
美國科羅拉多州波爾德劇烈天氣研究中心大氣科學家

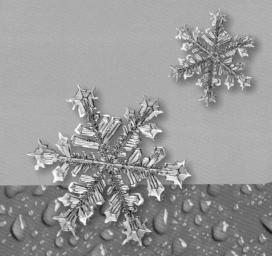

天氣大驚奇！

閃電在空氣中的傳遞速度能達到每小時36萬公里，溫度能達到攝氏3萬度，比太陽表面還熱！

降下冰雹的雷暴稱作雹暴。冰雹的直徑若是在2.5公分以上，通常就足以損壞車輛或其他表面。2010年，美國南達科塔州曾經落下跟葡萄柚一樣大的冰雹！

如果南極洲全部的冰都融化，全球海平面會上升66公尺，比20層樓的建築物還要高！

考慮造訪美國亞利桑那州的猶馬嗎？你去的時候八成會是個晴天！猶馬是全世界最晴朗的地方，每年日照時間超過4000小時，比世上任何城市都還多。

觀察蟋蟀可以得知氣溫！只要算算蟋蟀在14秒之內叫了幾聲，把這個數字加上40，就可以粗略估算出室外的華氏溫度。

龍捲風內的旋轉風速可達每小時480公里，足以掀掉屋頂、把樹連根拔起，甚至是把車輛拋到幾百公尺外。

運氣好的話，你不必等到下雨，也能看到彩虹！霧、浪沫、靄和露珠裡也會出現彩虹。

水面上也會出現龍捲風！有些是在陸地上生成的，之後移到水面上，稱為水龍捲。有些則是直接在水面上形成，稱為晴天水龍捲。此外，火山爆發產生的高溫水蒸氣也會生成水龍捲。

9

氣象真奇妙

天氣影響著地球上所有生物的生存方式。龍捲風、降雪及塵暴等都是強大的自然力，可以摧毀家園及生命。但天氣並不只是那些極端現象，它也是我們每日生活的一部分。晴天、微風、清涼的陣雨——這些也都是天氣。天氣時時刻刻影響著我們，從我們要穿什麼衣服到選擇住在哪裡。不過，究竟什麼是天氣？

地球上所有的天氣現象都源自太陽。太陽雖然離我們很遠，但它相當熱：表面溫度接近攝氏5600度！其中有部分熱能一路傳到地球，溫暖了地球表面。不過地球並不是整顆均勻地受熱。在一年當中的不同時節，以及在一天當中的不同時間，陽光都會以不同的角度照射地球。此外，地球的表面也有各種不同的地形：有些區域是海洋，有些則是沙漠或巨大的山脈。因此地球表面會有些地區溫度上升顯著，有些則不太明顯。地球上所有天氣現象都是地表受熱不均勻的結果。因此不論熱浪還是寒流，都是太陽造成的！

地球
驚人的大氣層

天氣是指空氣中發生的現象。環繞地球的那層空氣就叫大氣層。若沒有大氣層，就不會有天氣現象。

　　大氣存在於你的四周，但除非從外太空看地球，否則你是看不到它的。右下方這張圖呈現出從地球軌道上看到的地球邊緣樣貌。地球表面白雲覆蓋，月球則掛在遠方。但中間那層奇怪的藍色霧靄是什麼？那就是大氣！

　　大氣就像一張毯子。它能維持地表溫度舒適，讓我們不必暴露在外太空的冰冷溫度以及太陽的炙熱高溫與有害輻射之下。它也能阻擋外太空物體的衝擊，例如流星體等。當這些外太空物體接近地球時，通常會在大氣層中燃燒殆盡，而不會衝擊地表。

　　但和毯子不同的是，大氣層並不是靜靜地躺在那裡。組成大氣層的空氣總是不斷移動。陽光、水和表面地形（例如山嶺或沙漠）都會改變空氣在地球周圍移動的方式。而空氣的移動就會產生雲、雨、風暴，以及其他一切我們稱為天氣的東西。所有這些自然力都一起運作，讓天氣難以預測。難怪天氣預報有時會不準！

地球在46億年前形成時幾乎沒有大氣。

大氣的垂直分層

和蛋糕一樣，地球的大氣也分成上下好幾層。

外氣層
增溫層頂到1萬公里處

在大氣的最外層──外氣層，地球的大氣層與外太空融合。這裡的空氣極度稀薄，原子與分子彼此距離非常遠，可以走好幾百公里也不會彼此相碰。這裡的溫度是絕對零度，是理論溫度的下限。

增溫層
中氣層頂到1000公里處

在增溫層中，太陽光會把空氣分子加熱到攝氏2000度。不過因為增溫層中的空氣分子彼此距離太遠，所以我們反而會覺得這層超級冷！人造衛星大多在這層運行。

中氣層
平流層頂到85公里處

中氣層的空氣濃度夠高，足以讓來自外太空的流星體減速。它們會與空氣摩擦燃燒，在夜空中留下閃亮的尾跡，我們稱為流星。

平流層
對流層頂到50公里處

飛機的飛行高度在平流層的底部。

對流層
地球表面到10公里處

大多數的天氣現象都是發生在對流層，也就是大氣層最接近地表的部分。它的範圍是從地表到地表以上10公里處。

13

天際光舞秀

大氣保護著地球,同時供給你呼吸所需的空氣。不過你知道嗎?地球上最炫目的某些光影秀也要歸功於大氣層。以下是大氣層最驚人的幾種戲法。

極光

在地球極區,天空有時似乎會被神祕的彩色光芒整個占據。極光的產生是因為太陽表面發生巨大的風暴,把微小的能量粒子高速射向地球。當這些粒子受到地球的強力磁場吸引,與大氣中的空氣相碰撞時,就會發出光芒。不同的氣體會產生不同顏色的光,有綠色、粉紅色、還有紫色。

地球並不是太陽系唯一有極光的行星。木星、土星、天王星及海王星等氣體巨行星上也都有。

流星

那一道道劃過夜空的光點根本不是星星。它們其實是外太空的小岩石，叫做流星體，在太空中以每小時好幾萬公里的速度移動。進入大氣層後，它們因為摩擦生熱，最後起火燃燒！其中大部分都會燃燒殆盡。

精靈與仙子

不，我們這裡說的不是那種小小的超自然生物。這裡的「精靈」是指地球大氣高處的閃光現象，與雷暴有關。最早看見這種現象的是航空公司的機師，他們是在飛越極端雷暴的時候看注意到的。科學家在 1990 年代開始研究這種現象，以及另外一種名叫「噴流」的閃光。它們形成的詳細原因現在仍是個謎。

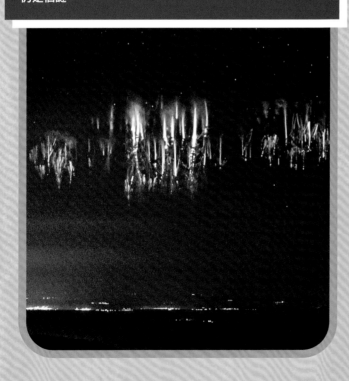

落日

幾乎每個人都曾看著夕陽沒入地平線，形成滿天炫麗的彩霞。但卻不是每個人都知道，地球若沒有大氣，就不會有那麼壯觀的落日！當太陽落下，陽光會沿著長而彎曲的路徑穿越地球邊緣，其間穿過的空氣量是正午時的 40 倍。大氣中的粒子（例如塵埃與水滴）會散射和吸收藍光與綠光，強化紅色、黃色及金色的光。

15

水杯實驗

· 取一個杯子，裝水三分之一滿。
· 取一張卡紙，蓋住杯口，用手壓住，確認完全覆蓋沒有空隙。
· 走到水槽邊，把杯子上下顛倒，慢慢移開加壓的手。

會發生什麼事？卡紙會黏在杯口，水一滴也不會流出來！這怎麼可能？其實原理很簡單：杯子外的空氣比杯子內的水重。外部的空氣以大約 6.8 公斤的力向上推，把卡紙固定在原位，而水杯中的水大約只有 0.5 公斤的向下推力。上推的壓力大於向下的壓力，所以卡紙不會移動！

美國加州舊金山灣裡這些帆船是靠風力移動。

一切都與空氣有關

你雖然不覺得，但空氣是很重的。事實上，此時此刻就有1公噸的空氣壓在你身上——相當於一輛小型汽車的重量！

跟其他任何物質一樣，空氣也是由名叫分子的微小粒子組成的。你可以把空氣分子想像成一座啦啦隊員疊起來的人體金字塔。最底層的隊員必須承受上層所有人的重量，而頂端的隊員肩膀上則沒有任何重量。

大氣也是一樣的道理：最接近地表的空氣承受著上方所有空氣的重量，這股向下壓力會使空氣分子彼此貼近。大氣層底部的空氣分子受到擠壓，就會產生較高的氣壓。反觀大氣層頂部，空氣分子承受的向下壓力較小，因此分子之間距離也較遠，氣壓非常低。

溫度也會影響氣壓。當空氣升溫時，壓力會下降，因為空氣分子移動速度加快，拉開了彼此的距離。由於暖空氣分子之間的距離較大，密度就會比周圍空氣小，所以暖空氣會上升。

當空氣溫度下降時，氣壓就會上升，因為空氣分子移動速度變慢，彼此之間的距離也會縮減。由於分子之間的空間小，冷空氣的密度會比周圍空氣大，所以會下沉。被太陽曬熱的空氣會上升，而暖空氣上升時，冷空氣往往就會進來填補空缺。空氣從高壓區往低壓區域移動的現象，就是我們所說的風。

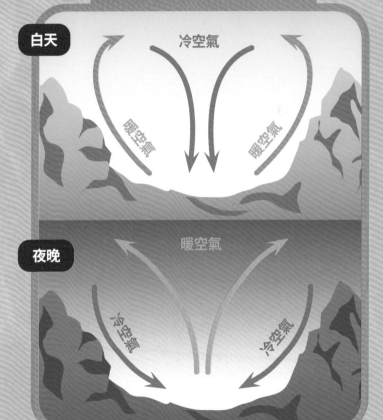

溫度與空氣流動

白天
冷空氣
暖空氣
暖空氣

夜晚
暖空氣
冷空氣
冷空氣

賭你不知道！

人會說空氣就是氧氣。但這只有部分正確：空氣中大約只有21%是氧氣。絕大部分的空氣（約78%）都是氮氣，剩下的部分由少量的二氧化碳、氫與氬等氣體構成。

天氣配方

若想調配出千變萬化的天氣，一定要有三種主要原料：陽光、流動的空氣，以及水。

第一步：加熱地球表面。

每天早晨太陽升起，加熱土地、海洋、樹木及建築物。當流動的空氣接觸到被太陽加熱的表面時，空氣中的分子會吸收熱能。加熱的分子開始遠離彼此，讓空氣膨脹、密度變小（或者說是變輕）。較輕的空氣會往上升，原理就跟熱氣球升空一樣：用火加熱氣球中的空氣，使它膨脹，上浮升空。

第二步：灑點水。

地球是個充滿水的星球，地表有 71% 都是水！陽光照射地球土壤、河流、湖泊及海洋中的水分子，水分子吸收太陽提供的熱能時，會變成一種氣體，稱為水蒸氣（或水氣）。水蒸氣與溫暖的空氣一同上升，到了高空中，水蒸氣會冷卻、凝結成小水珠。當許許多多的小水珠聚集在一起時，就會形成雲，再以雨、雪、冰雹或冰珠的形式落下。

第三步：攪拌空氣。

地球上的空氣時時刻刻都在移動。當太陽加熱的空氣上升到高空時，它就會降溫。分子間的距離變得較近，使空氣密度變大、變重，這團高密度的空氣會再度降回地面，而再次受太陽加熱，重複這個循環。這種空氣的循環流動會產生風。風本身就是一種天氣現象，而且它還會把其他天氣現象（例如暴雨）從一處吹到另一處。風會帶著熱能與水分跑遍全球各地。

陽光與水

水蒸氣冷卻凝結，形成雲。

水吸收太陽的熱，變成水蒸氣，跟空氣一起上升。

烏雲以雨、雪、雹或冰珠的方式把水釋出。

陽光與空氣

高空處，空氣再度冷卻，密度變大。

太陽加熱地球表面空氣，暖空氣上升。

冷卻的高密度空氣沉降到地表。

天氣為何這麼重要？

地球的天氣現象是一股強大的力量。嚴重的天氣事件——例如暴風雪、酷暑、龍捲風、颶風——會釀成災難，危害人類生命。雖說天氣有時很殘暴，但它也是地球生命不可或缺的一環。

我們知道的所有生物——從最小的微生物到最大的藍鯨——都需要水才能生存。而把水分帶往世界各角落的正是天氣。水分從地表開始循環，升空成雲，風再把雲吹往全球各地，在不同的地方降下水分。若是沒有天氣現象來運送水分，地球的土地會變得一片乾荒，了無生機。

大部分的生物也需要適當的陽光熱能才能存活。溫差會產生風，風再把熱能從一地傳往另一地，並在整個地球表面循環。

地球上的不同區域有不同的長期天氣模式，稱為氣候。而這樣的天氣變化也對生命至關重要。例如，雨林溫暖、長期多雨，提供植物絕佳的生長環境。雨林植物則負責地球上大部分的氧氣供給，生產人類與其他生物呼吸所需的空氣。寒冷的兩極則是地球重要的恆溫器，協助冷卻來自赤道的海水，讓地球不會過熱。

地球上的天氣如此多元，代表在不同角落有各式各樣的生物在跳躍、悠游、翱翔。駱駝在炎熱的撒哈拉沙漠中活著自在，北極熊則享受著極區冷冽的低溫。猴子、狐獴、沙漠貓、雪鴞——甚至是你，也都是這樣。地球上若沒有這場熱、風和水的永恆之舞，就不可能有這麼驚人的多樣性。

如此瘋狂、如此美好——這就是天氣！

天氣與氣候

天氣與氣候相關，卻不是同一件事。不同的地方在於時間：天氣是短時間內發生的現象，維持幾分鐘，甚至是幾個月。氣候則是指特定地區長期下來的天氣模式。你可以這樣記：氣候是預期中的情況，例如北半球的寒冬。而天氣則是實際會遇上的情況，例如明天的暴風雪。

從美國堪薩斯州的
農地上橫掃而過的
陸上龍捲風。

第二章
氣象觀測

抬頭看看天空，你馬上就知道天氣是晴朗、狂風暴雨還是降雪。不過明天的天氣會如何呢？而下週、下個月的天氣又會如何呢？數千年來，人類一直都想預測天氣。不過預測天氣絕不是件容易的事：想解讀空氣、水和風之間複雜的交互作用，簡直難如登天。現代氣象學家使用尖端科技監測全球天氣模式，努力預測天氣未來的變化。本章將揭露天氣預測背後的祕密。

2009年，追風者與科學家羅賓·棚町將一輛麻州大學的W頻帶移動雷達車布署在美國愛荷華州一場下冰雹的雷暴附近。

維京人的雷電之神索爾
拿著他的雷神之錘。

24

從神話到氣象學

在科學家還不知道如何了解天氣之前，人類編出各種故事，來解釋暴雨、四季、風以及彩虹等各種天氣現象。古代北歐人相信，閃電其實源自北歐眾神之王索爾（如左頁所示）手上的雷神之錘，而雷聲則是他所駕著馬車飛越天際的聲音。古希臘人認為之所以有冬天，是因為女神波瑟芬妮每年固定有一段時間被迫居住在地府。美洲原住民基奧瓦人則認為，龍捲風是一種族人稱為「風暴紅馬」的超自然生物揮動牠蛇般的長尾巴而造成的。

古人會仔細觀察天氣的變化，以決定何時播種、何時收成。太早或太晚都有可能造成農作物歉收，讓人挨餓。突然的雹暴或熱浪也會毀壞農地。研究人員最近發現了很有可能是最早的天氣預報記錄：一塊石板，刻著3500年前埃及的天氣描述。

古代希臘科學家亞里斯多德是最早研究天氣變化背後機制的人之一。公元前340年左右，他寫了一本名叫《氣象學》的書，內容探討雨、冰雹、雲、風、颶風、雷、閃電等的生成理論。雖然他說對了幾件事，但他的許多想法都是錯的。不過有將近2000年時間，他的書都被奉為解釋天氣現象的權威。

從15世紀起，早期的科學家才開始以科學的角度觀察並理解天氣。他們發明新的器具來測量大氣的各種特徵，如溼度、溫度及氣壓。這是氣象學的開端。

賭你不知道！

我們至今還是有一些關於天氣的神話。每年的2月2日，美國人會慶祝「土撥鼠日」。不過那隻名叫旁蘇托尼·菲爾的土撥鼠根本不是什麼氣象學家：1988年到2017年間，牠預測了30次，結果只有6次準確預測到冬天的結束。

現代氣象學：
測量大氣

當人類發展出新工具來分析大氣的狀態，氣象學就從瞎猜變成了一門真正的科學。

1714 年
波蘭出生的德國物理學家丹尼爾・華倫海特發明了水銀溫度計，是世上第一個能準確測量溫度的儀器。

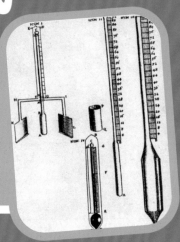

1600	1650	1700	1750	1800

1643 年
義大利物理學家埃萬傑利斯塔・托里切利發現氣壓變化與天氣改變有關。他發明了氣壓計，用來測量氣壓。

1837 年
天氣科學家原本無法分享當下的天氣資料，直到美國發明家薩繆爾・摩斯發明了電報。天氣學家終於可以分享資訊，用以製作最早的天氣圖。

1910 年代

挪威氣象學家父子檔維爾海姆與雅各·畢雅可尼發展出氣團與鋒面的概念。透過物理定律，他們發現大型的冷暖氣團會循著可預測的模式移動。

1950 年代

隨著電腦問世，氣象學家開始能夠處理分析大量的數據，產出最早的大氣條件模型。這些模型可以預測天氣系統會如何在全球移動。

1850　　　　　1900　　　　　1950　　　　　2000

一次大戰（1914-1918 年）與二次大戰（1939-1945 年）

能不能在雲層的掩護下出擊，或是在天氣晴朗時行軍，有時可以決定一支軍隊的成敗。因此在兩次世界大戰期間，預測各地天氣的能力突然變得異常重要。這段時期發展出許多新的技術，包括雷達。

1962 年

第一個氣象衛星泰洛斯 1 號升空，從太空提供了第一份準確的天氣預報。泰洛斯 1 號讓氣象學家能夠無比準確地收集並傳遞數據。今日，衛星和電腦是現代氣象學家最重要的工具。

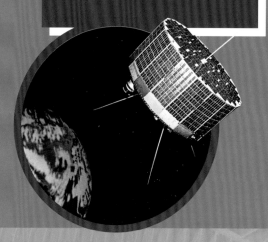

現代氣象學：
預測天氣

今天出門該不該帶傘？這個週末天氣會熱嗎？我下個月去度假要怎麼準備行李？我們時時刻刻都很依賴天氣預報。

要準確地預測天氣，氣象學家會使用許多測量工具（詳見第30、31頁）來蒐集當前大氣狀態的資訊或數據。全球幾千個天氣觀測站蒐集到的資料會全部彙整在一起。接著，氣象學家運用物理原理——也就是能解釋空氣如何在全球流動等自然現象的數學——來預測大氣狀態會如何隨著時間變化。

地球上有許多和天氣相關的感應器和裝置，每天都會產生超過100萬筆和天氣相關的觀測數據！普通的家用電腦無法處理這麼龐大的數據，所以氣象學家會使用強大的超級電腦，匯入所有的觀測數據，再根據大氣變化的物理現象，將數據代入數學方程式中。這些模型能反映出天氣在未來的可能樣貌，是天氣預測的基礎。

準確地預測天氣是個巨大的挑戰。氣象學家必須考量無數可能影響天氣的因素，從太陽會如何加熱地表、氣壓差會如何形成風，到風會如何在全球流動等等。任何一個因素只要稍有變化，都會大大影響未來的天氣。此外，還有一些變因是專家還沒完全弄懂的。這一切都意味著天氣預報的準確度有它的極限。也難怪天氣預報並不是每次都準！

天氣圖怎麼讀？

你若在電視上看過天氣預報，應該就看過這樣的天氣圖。像「降雨」和「降雪」這樣的文字很好懂──但那些奇怪的符號是什麼意思？

暖鋒

這條帶著紅色半圓形的線代表冷暖氣團的交界處，且暖氣團正把冷氣團推走。半圓的方向代表暖氣團的行進方向。暖鋒通常會帶來降水，例如雨、雪或冰珠。

H 與 L

這兩種符號代表某區域地表的高低氣壓，低氣壓系統（L）會造成空氣上升，而高氣壓系統（H）則會造成空氣沉降。

冷鋒

冷暖氣團的交界區，且冷氣團正把暖氣團推走。三角形指向冷氣團的行進方向。冷鋒通常會帶來低氣溫、降水與強大風速。

滯留鋒

這條線上有藍色三角形與紅色半圓形，代表冷鋒與暖鋒的交界處，而且雙方勢均力敵，都不移動。滯留鋒多會留在同一區域，帶來長時間的降雨。

囚錮鋒

這是種常見的鋒面類型：當冷鋒移動速度快於暖鋒，最終趕上、甚至超越暖鋒，就會形成囚錮鋒，通常伴隨降水。在天氣圖上以紫色呈現，上面有三角形也有半圓形，指向鋒面的移動方向。

29

天眼：
從高空看天氣

氣象學家有許多不同的方式可以蒐集全球天氣事件的數據。世界各地的科學家會彼此分享獲得的影像與數據，有時候資料可是來自高空！

雷達氣象飛機

颶風獵人是特殊類型的飛行員，會駕著飛機飛入颶風中。飛機本身搭載各式感應裝置，測量氣壓、風向、風速、海水溫度等數據回傳地面。颶風獵人也會在飛行途中投下無線電探空儀。現在這類任務已經開始由無人機來執行，這樣飛行員就不必再冒著生命危險蒐集數據了。

國際太空站

國際太空站（ISS）在 350 公里的高空協助監控風暴天氣。國際太空站發出的颶風影片讓氣象學家可以近距離觀測這類天氣現象。他們可以看見雲系怎麼移動、形狀如何改變，有助他們更準確地預測未來天氣。

氣象氣球與無線電探空儀

巨大的氣象氣球會載著無線電探空儀飛到 35 公里的高空。無線電探空儀會把氣壓、溫度、水氣、風向、風速等資訊回傳給地面的科學家。

什麼是雷達？

雷達的原理是往特定方向發送無線電波，然後「傾聽」無線電波在行進途中撞擊到物體的反射波。雷達原本是用來偵測哪裡有飛機與船隻，但大家後來發現，雷達系統也能偵測到風暴。雷達不只能偵測到降水的地點與強度，還能偵測到風暴中空氣的運動方式。它背後的原理就是都卜勒效應：當無線電波撞擊到移動中的物體時，回波的波形會改變。在今日，雷達科技有助氣象學家更準確地預測風暴狀態。

雷達

在地面上，雷達對著雨滴、塵埃、雪花、昆蟲以及大氣中的一切發出陣陣微波能量，創造出天氣圖。

動物能預測天氣嗎？

如果你曾看過你家的狗在下大雨之前衝進屋內，你可能會好奇：動物對於天氣是不是有些人類沒有的智慧？

有各種故事描述動物在天氣事件發生前出現詭異行徑。有人說快下雨時綿羊會聚集在一起，或風暴將至時青蛙會大聲呱呱叫。不過這些動物真的可能有特別的感知能力嗎？科學家也很難去檢驗動物究竟是不是真的能預測天氣。不過確實有幾個動物在風暴來襲前就先逃走的記錄。

2014年，科學家在監測金翅蟲森鶯的遷徙時發現了一件怪事。鳥群突然毫無緣由地放棄了自己在美國田納西州的繁殖地，往佛羅里達州飛去。幾天後，一場劇烈的雷暴就襲擊了金翅蟲森鶯剛剛離開的地方。而風暴過後，鳥群就又飛回了田納西州，為了躲過風暴來回飛了1500公里。

類似的事情2001年也發生過。科學家透過無線電發送器追蹤14隻黑稍真鯊，卻發現鯊魚群在熱帶風暴「加百列」登陸佛羅里達州特拉塞亞灣區之前，一齊潛入了深水區。接著，2004年查理颶風來襲時，八隻配戴無線電發送器的鯊魚中又有六隻避開了颶風路徑（另外兩隻游到了發送器的訊號範圍外，所以無法監測動向）。

這道底是怎麼回事？科學家也還不確定，但他們有個大概的理論：許多動物都有人類沒有的感知能力，能察覺周遭環境的變化。例如，人類可以聽到頻率20到2萬赫茲的聲音（「赫茲」是聲音頻率的單位，決定聲音的高低），而有些動物，例如狗、大象和蝙蝠，可以聽到頻率遠遠超出這個範圍的聲音。風暴會產生一種稱為「聲下波」的音頻，是人耳聽不到的。科學家認為，鯊魚和森鶯能夠提前逃離，也許是因為牠們能聽到風暴接近的聲音。牠們可能也可以感知到其他變化（例如氣壓或水壓微微下降），得知

風暴要來了。

　　專家才剛剛開始研究動物如何偵測天氣變化。或許有朝一日，他們的研究成果可以幫助人類更準確地預測何時會有風暴、風暴會襲捲何處。不過目前而言，你想知道天氣預報，最好還是看氣象頻道，不要去問你家的狗！

賭你
不知道！

科學家發現，某些特定的魚似乎喜歡攝氏26.5度的水溫——剛好是適合熱帶風暴生成的溫度。現在有科學家正在墨西哥灣追蹤這類魚，看能不能透過魚群的動向來預測颶風。

金翅蟲森鶯

追著風暴跑！
採訪追風者

龍捲風內部非常可怕。風速可達每小時322公里，漏斗雲無差別地破壞路徑上的一切。所以，為什麼會有人想鑽進這個天旋地轉的破壞機呢？當然是為了科學！

羅賓・棚町是美國印第安納州普度大學的氣象學家，也是位追風者，常近距離接觸咆嘯的狂風和滂沱大雨。以下是她對自己工作的描述。

問：妳一直都對天氣很有興趣嗎？
答：自有記憶以來，我一直都對天氣現象很著迷。我會躺在草地上看雲，也對雷暴和霧氣很好奇。我一直都在探究周圍發生的事。

問：妳是幾歲決定成為天氣科學家的？

答：1986年我七歲的時候，有一架新聞直升機在我的家鄉明尼蘇達州明尼亞波里斯（我是在那裡長大的）進行新聞直播。播到一半，忽然有一道龍捲風就這麼出現在直升機前方。新聞機組人員當下決定跟著龍捲風飛，為電視機前的觀眾進行從頭到尾的直播。

幾天後，電視上就有了個龍捲風的特輯。他們訪問了一些來自奧克拉荷馬國家劇烈風暴實驗室的天氣科學家。那是我第一次聽說有劇烈風暴實驗室這種東西或專門研究龍捲風的科學家。當下我就知道：我想當一位研究天氣的氣象學家。

問：追風者都做些什麼呢？

答：大多數時間我都坐在電腦前，分析數據、寫報告。不過每年都會一、兩個月非常刺激。奧克拉荷馬州的風暴季節是4到6月。在風暴季節，我的團隊基本上是全日待命。隊上有三人：司機、領航員和雷達操作員。出發前我們會先預測我們這個地區生成劇烈天氣的可能性。如果有出現相關結果，我們就會把雷達車開到目標區域。我曾經為了追一個風暴，開了將近966公里。平均每個風暴季節我們大約可以找到6到8個，其中約有四分之一會變成龍捲風。但無論如何，我們都會進行雷達測量。

問：要怎麼知道某個雷暴會不會變成龍捲風？

答：不可能完全確定。不過在目標區域，我們會尋找四個重要指標：風切（風速與風向的改變）、升力、不穩定度，及溼度。透過美國國家氣象局提供的雷達及衛星圖像，我們可以找出正在旋轉的雷暴，叫作超大胞。我們會看雲系邊緣是不是有個鉤狀結構——那就是龍捲風可能生成的地點。

問：追逐風暴是什麼感覺？有過千鈞一髮的經驗嗎？

答：我有過幾次九死一生的經驗。你時時刻刻都必須眼觀八方。如果你面前有個龍捲風，那麼你背後可能也有一個。有天晚上，我們只能在閃電出現時看見龍捲風。黑了一下子，我們就跟丟了。我們有好幾分鐘都看不到它，接著卻突然感受到側面吹來強風，伴隨被捲起的砂礫。後面那輛車所有車窗都碎了。幸好沒有人受傷。

左頁：羅賓・棚町在美國愛荷華州西南部為麻州大學的W頻帶移動雷達車固定都卜勒雷達天線。

第三章
風暴天氣

天色漸暗，風起雲湧。風暴將至。這種大氣擾動通常伴隨著強風、降雨、雷聲、閃電或降雪。有些風暴比較弱，剛好夠把街道沖洗乾淨、讓樹木顯得翠綠。有些風暴則很嚴酷，雷電交加，帶來極端雨量，造成洪水和土石流，甚至形成致命的颶風。風暴是大自然最強大的天氣現象之一。

美國南達科他州東部的一個超大胞
雷暴產生雲對地的閃電。

1900年的加爾維斯頓颶風

2017年的颶風季是有史以來最有破壞性的一季。之前12年來，美國本土都不曾遭遇大型颶風（「大型」是指三級以上），結果在2017年8月25日，哈維颶風直撲德州中部海岸線。幾週後，伊爾瑪颶風又先後襲擊美屬維爾京群島與佛羅里達州。緊接著，才過了一個多禮拜，瑪利亞颶風就來了，直撲美屬波多黎各。這三個颶風造成許多傷亡與破壞，損失超過2000億美元。

不過這些颶風雖然可怕，卻還是遠遠不及1900年的加爾維斯頓颶風。

在20世紀初，加爾維斯頓是德州外海一座低地島嶼上的繁忙城市。它有「德州之珠」的美名，是德州發展最先進的城市，擁有最大的港口、最多的百萬富豪，以及最早的電話與電燈。島上有超過4萬居民，另外還有許多人會在夏天前來享受沙灘。不過，1900年9

> 加爾維斯頓颶風是美國史上最致命的單一天然災害。

上：1900年法國的《小巴黎人報》以插畫描繪加爾維斯頓颶風造成的破壞。

右上：加爾維斯頓颶風過後，居民用繩索清理殘骸。

月8日，這一切都變了調：一場怪獸級颶風來襲。風速超過每小時217公里，海面上升了超過4.6公尺——遠遠高過城市的最高點。島嶼被摧毀。幾個小時內就死了6000到1萬2000人，3萬人（島上四分之三的人口）無家可歸。

風災過後，美國陸軍工兵團建了一道5.2公尺高的牆來阻擋海水，並把倖存的2000多座建築架高，在底下灌沙子支撐。居民努力重建家園與人生，但加爾維斯頓

再也找不回往日榮景。

這場可怕的悲劇中倒是促成了一件正面的事：人發現自己必須找到一個預測風暴的方法。在加爾維斯頓颶風之前，人只能靠墨西哥灣的船隻傳遞親眼所見的資訊，只能知道遠方有風暴在醞釀中，卻不知道風暴有多危險，因此無從準備。

今日，國家颶風中心能偵測到即將來襲的颶風，追蹤它的發展狀況，並預測它的動向。國家颶風中心透過氣象衛星密切觀察風暴的形成，並運用強大的電腦產出準確的預測，然後發布危險風暴的警訊，讓民眾可以預先疏散到安全區域。2017年哈維颶風來襲時，德州居民早在一週前就已經知道颶風的相關資訊，而波多黎各則在伊爾瑪颶風來襲的兩天之前宣布進入緊急狀態。不過提前預警並無法完全防止風暴的造成災難。在颶風過後的三個月內，波多黎各還是有45%的地區沒有電、14%沒有自來水。但風暴預測還是有助人類避免加爾維斯頓颶風級的悲劇重演。

什麼是雨？

2017年，哈維颶風為墨西哥灣沿岸帶來破紀錄的雨量。科學家計算，六天的總雨量達到102兆公升，等於德州每個人分到380萬公升！有些風暴會帶來大豪雨，有些則會帶來大雪或冰雹。這些都是所謂的降水，是把地球水資源配送到全球各角落的水循環中的最後一個階段。以下就是水循環的原理。

水循環

收集

落在地上的降水會滲透土壤，集結成地下水。在地心引力的作用下，地下水會流進小溪、河流、湖泊及海洋。接著太陽又加熱這些水，開始另一次的水循環。

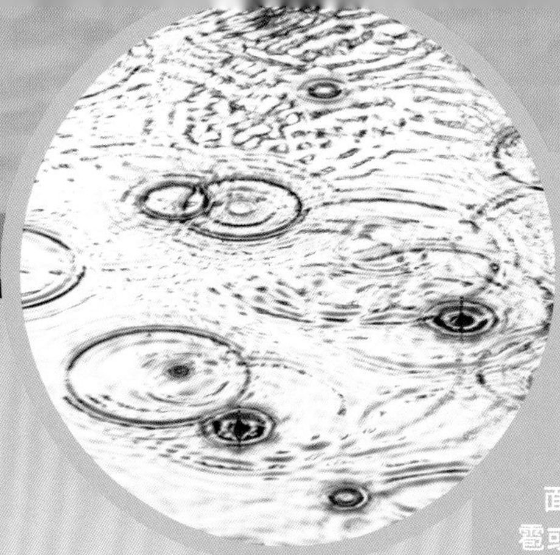

降水

有時候，雲裡的小水滴會彼此碰撞，聚集成更大的水滴。最後這些水滴會變得太重、太大，雲層再也抓不住，因此墜落地面形成降水：雨、雪、冰雹或冰珠。

凝結

水蒸氣會上升到高空。而就跟空氣一樣，水蒸氣上升也會降溫。它會變回液態，聚集成雲。而大氣高空的風會把雲吹向各地，幫助水在全球移動。

蒸發

來自太陽的能量以熱的形式溫暖著河流、湖泊及海洋中的水。它會破壞液態水分子之間的鍵結，讓水從液體變成氣態的水蒸氣（跟你洗澡時在鏡子上生成的霧氣本質一樣！）

水自天上來

除非下雨，否則我們很少去想到天上的水。但你若住在美國，你頭頂上隨時都有大約151兆公升的水在飄來飄去！每天都有大約13兆公升的水降落地表。這降水有時是雨，有時則是雪、冰珠或冰雹。空中到底發生了什麼事導致這些現象呢？

過程的開端是有溫暖潮溼的空氣上升到高空。隨著高度增加，溫度降低。當溫度降到露點（空氣無法再容納更多水分的溫度），水氣就會凝結成液態水，形成雲。不過大部分時候，空氣中必須有細小的微粒供水分子附著，才能凝結成雲。這類微粒可能是公路上的塵埃、營火剩餘的灰燼、海洋中的海鹽，有時甚至可能是冰晶。

小水滴吸附在這類微粒上形成較大的水滴，最終以雨的形式降下。如果水氣上升到足夠的高度，氣溫遠低於凝固點，水氣就有可能形成冰晶。而若冰晶是生成於一種稱為過冷雲的特殊雲裡面（內含溫度暫時低於攝氏零度的液態水滴），則會形成雪晶。當雪晶降落到較低、較溫暖的空氣中，就會與其他雪晶集結，形成雪花。

如果潮溼的空氣凝結出雨滴，但被帶到攝氏零度以下的區域，就會產生冰雹或另一種結凍的降水：霰。如果雨滴落地前經過一層冷空氣，則會生成冰珠。而如果雨滴在抵達結凍的地面前還是液態，卻在撞上地面的瞬間結凍，則稱為凍雨或雨淞。凍雨可能會讓道路、電纜和樹的表面結上一層光滑的冰，造成危險。

地球上有多少水？

如果把大氣、河流、海洋、地下水和其他所有水分全部集中起來，你只會得到一個直徑 1384 公里的水球。

如果只算可以飲用的水，那水球就更小了。地球的水只有 1% 是液態淡水，存在河流、湖泊及地下水中。如果只集中地球上可飲用的水，你只會得到一顆直徑 274 公里的水球——連從台北到高雄的距離都不到。

下圖是地球體積與地球水含量體積的對比。最大的水球代表地球上所有水的總體積，中水球代表地球上所有淡水的總體積（其中 99% 是地下水，大部分是人類無法取用的），而最小的那個水滴則代表地球上所有湖泊與河流的淡水總體積（可供人類取用的地表水資源）。

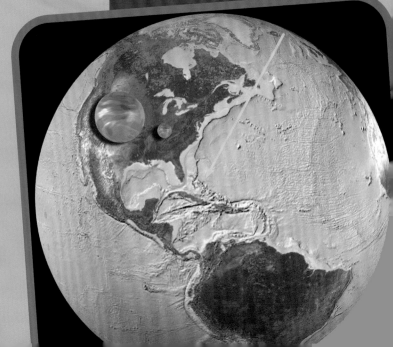

什麼是彩虹？

古希臘人認為，天空出現彩虹是因為人神之間的信差伊麗絲女神正穿著她的七彩長袍越過天際。古代玻里尼西亞人認為彩虹是英雄登上天堂的階梯，而在北歐神話中，彩虹連接著地球與眾神的住所阿斯嘉特。你或許不相信這些古老的神話，但你可曾在暴風雨過後看著閃亮的彩虹出現，好奇那到底是怎麼回事？

當陽光與大氣條件都剛剛好——而你也站在對的位置，就能看見彩虹。要彩虹出現，首先必須有小水珠飄浮在空中。而且太陽必須在你身後，空中也無雲遮蔽，彩虹才會出現。

當陽光射入懸浮的小水滴，光線會穿透水滴正面滴壁，反射在背面滴壁，最後再從正面滴壁射出。當光線在水滴中反射時，會分散成不同波長，也就是不同顏色的光。而要是反射光射向你，你就能看到彩虹上所有的顏色。

彩虹的大小視光線穿透水滴的折射幅度大小而定。折射幅度愈大，彩虹愈小。鹹水的折射率比淡水高，因此浪沫形成的彩虹會比雨形成的彩虹小。

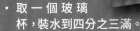
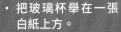

打造自己的彩虹

- 取一個玻璃杯，裝水到四分之三滿。
- 把玻璃杯舉在一張白紙上方。
- 陽光穿透水體時，光線會折射（彎曲），在紙上形成彩虹。
- 改變玻璃杯與白紙之間的距離，看看彩虹會怎麼變化。

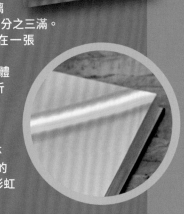

彩虹並不是真實存在於空中某個特定的點。它是個光學幻覺，會根據觀察者的位置與太陽位置而改變。這代表沒有兩個人能看著同一道彩虹。例如，當你看著一道彩虹，那麼站在那道彩虹盡頭的人會看到更遠處的另一道彩虹。所以不管多努力，你永遠都到不了彩虹的盡頭！

彩虹其實是個完整的圓圈。我們之所以只看到半圓，是因為地面遮住
了另一半。如果你在飛機上，而且剛好在對的位置，就有機會看到
一整圈的彩虹。另外，以特定的方式用水管灑水也有機會看見！

雲：漂浮的水

水似乎不可能飄浮在空中。但這就是雲的本質！雲是由水滴或冰晶構成的，由於太輕、太小，所以可以懸浮在空中。

其實我們周圍的空氣中時時刻刻都有水分存在，以水蒸氣這種微小的氣體分子型態呈現。氣體分子太小，肉眼看不見。此外，空氣中也有其他懸浮微粒，例如鹽與塵埃，稱為氣懸膠。水蒸氣與氣懸膠會不斷碰撞。如果氣溫夠低，有些微小的水蒸氣分子撞上氣懸膠就會附著上去。這就是凝結。

隨著時間過去，氣懸膠周圍形成的水滴會愈來愈大。水滴也開始互相沾黏，最終形成雲。

不同的雲有不同的名字，根據生成高度與特性命名。以下是十種基本的雲。

高雲族：

距地表6000公尺以上

中雲族：

距地表2000到6000公尺

低雲族：

距地表2000公尺以下

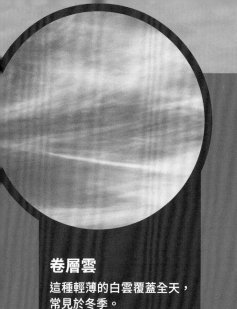

卷層雲
這種輕薄的白雲覆蓋全天，常見於冬季。

卷積雲
這種輕薄的雲有時看起來很像漣漪或魚鱗。

卷雲
這種雲主要由冰晶構成，被風吹捲、吹散，看起來像纖細的毛髮。

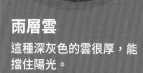

高層雲
這款雲種由冰晶與小水滴混合構成，通常覆蓋全天。

高積雲
這種雲看起來像一道道蓬鬆的漣漪，主要由液態水構成，但通常不會降雨。

雨層雲
這種深灰色的雲很厚，能擋住陽光。

積雨雲
當溫暖潮溼的空氣在大熱天上升到高空時，就可能形成這種雲，有時能長到像塔一樣高。

積雲
這種蓬鬆的白雲觀察起來很好玩。由於有各種形狀和大小，所以有時候會很像天上的物品、人或動物。

層積雲
這種塊狀的低空雲朵是地球上最常見的雲種。

層雲
這種輕薄的白色片狀雲很少生成雨或雪。

恐怖的天際景象

月光下，一座城堡矗立在遠方。一片迷霧在它前方飄盪，濃密到幾乎看不見後面有什麼。真讓人毛骨悚然！霧可以把最可親的田野也變成恐怖的場景。不過，霧就只是一片低空的雲而已。

雲和霧都水蒸氣凝結成懸浮的小水滴而形成的。差別在於雲可以在很多種不同的高度形成（有些甚至距離地表19公里！），而霧就是一種緊貼地面的雲。當地面附近的水蒸氣冷到可以凝結成液態水或冰晶時，霧就形成了。

霧也分成許多種類。其中一種生成於低窪地區，是溫暖的水蒸氣上升遇到冷空氣凝結而成，稱為輻射霧，有時可達數百公尺厚。還有一種是暖溼空氣在低溫的表面上水平移動（稱為平流現象）形成的，這會讓寒冷地面上方的空氣變得非常溼，冷卻後水蒸氣就凝結成雲霧。

有時早上會有霧，但等白天氣溫上升時，霧通常都會消散。陽光會加熱地表附近的空氣。當氣溫升高時，露點（也就是水蒸氣凝結的溫度）也會跟著上升。雖然水不斷從地面蒸發，但這時水蒸氣必須上升到更高處，才能再次遇到露點的溫度。如果水氣是到了高空才凝結，那就表示地面的霧散了。

谷霧

雨霧

霧的家族

霧有許多生成方式，視地形、氣溫及空氣中的水氣含量而定。

輻射霧
當溫暖的水氣上升到冷空氣中凝結，稱為輻射霧，有時可達數百公尺厚。

平流霧
當暖溼空氣在低溫的表面上水平移動，空氣降溫、水氣凝結成霧時，就叫平流霧。常在暖溼空氣經過雪地時形成。

谷霧
當下坡風帶著山區的冷空氣進入山谷，讓山谷內的暖溼空氣冷卻時，暖空氣就會凝結成低雲，充滿整個山谷。

凍霧
有時霧會降到冰點（攝氏0度）以下，但卻沒有結凍。如果這種霧碰觸到固體表面（例如樹），霧中的過冷水滴就會瞬間結凍，因此凍霧所在之處的任何東西上面都會有一層薄冰。有時候，當氣溫降到攝氏零下10度時，霧中的小水滴會結成懸浮冰滴，形成冰霧。

雨霧
溫暖的雨滴有時會在還沒接觸低溫的地表前就蒸發成水蒸氣，而低溫的地表又冷卻了降下的水蒸氣。發生這種情況時，水蒸氣就會凝結成霧。

凍霧

你可能會認為加州是個陽光明媚的地方，不過海岸城市舊金山卻以夏季平流霧聞名。這是太平洋上的暖空氣吹過沿岸較冷的水面形成的。由於這個現象太有名，它甚至有個自己的名字：「卡爾霧」。

輻射霧滯留在湖岸邊，包圍了蘇格蘭的基爾亨堡。

冰雹

下面的人小心！冰雹是所有降水型態中最危險的一種，雹塊會破壞建築、車輛及農作物。18世紀的歐洲人曾嘗試向空中發射砲彈、敲響教堂的鐘來防止冰雹，但什麼都無法阻擋這種天氣現象。時至今日，冰雹有時還是會對財產造成嚴重的損害。

冰雹生成於雷暴雲的低溫上層區域。水滴在那裡結凍，聚集形成大冰塊，稱作雹塊。要產生雹塊，必須同時符合許多條件。首先要有一個結冰的水滴開始朝地面墜落，但還沒落地前就遇到一陣上升的強風，把冰滴帶回雲中。冰滴撞上雲中的液態水滴，水滴立刻結凍沾附，讓冰滴變得更大。這個過程如果在對的條件下重複很多次，雹塊就有機會長到破紀錄的大小。最後它們會變得太大顆，在地心引力的作用下直直墜落地面。

歷史上的雹暴

1942 年，在印度的路普康，一位英國籍的森林巡守員有了一個驚人的發現：一座滿是骸骨的冰湖。專家測定這些骸骨大約來自公元 850 年，並發現「骷髏湖」中所有的人都是被棒球大小的圓形鈍器重擊頭部與肩膀而死的。專家推斷，這群人應該是遇上了一場致命的雹暴！

最大的雹塊

2010 年 7 月 23 日，有個冰雹掉在美國南達科他州的維維恩。不論重量還是直徑，它都是記錄在案的世界最大雹塊，直徑有驚人的 20 公分——快要跟一顆排球一樣大，落地時還在地面打出了一個 0.3 公尺寬的洞。

雹暴好發區

除非你很愛被冰雹打，否則你最好不要造訪肯亞的凱里橋。那裡據說是全世界冰雹最多的地方：每年下冰雹的日子多達 50 天。在 1965 年，那裡還創下 113 天下冰雹的紀錄。

最昂貴的雹暴

1999 年 4 月 14 日，澳洲雪梨降下直徑達 8.9 公分的雹塊，而且連續下了將近一小時。共有 2 萬棟建築物和 4 萬輛汽車被砸毀，損失超過 30 億美元。

水蝕奇景

點滴雨水或涓涓細流要切穿堅硬的石頭，聽起來似乎不太可能。不過地球上最壯觀的許多奇景正是這麼形成的。

墨西哥奇瓦瓦：水晶洞

在地表下 300 公尺深處，有一座看起來像科幻小說場景的洞穴。巨大的水晶柱（有些長達 11 公尺）從地面、牆面和天花板突出來。它們是如何長到這麼大的？當洞穴底下深處的岩漿冷卻時，充滿水的洞窟內部的礦物質先是溶解，接著開始結晶。由於洞穴中有水，炎熱又潮溼，幾百萬年下來，水晶就長成了驚人的巨柱。

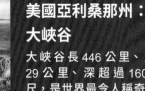

美國亞利桑那州：大峽谷

大峽谷長 446 公里、寬達 29 公里、深超過 1600 公尺，是世界最令人稱奇的自然景觀之一。地表上這道巨大的裂口就是科羅拉多河從大約 600 萬年前開始切割造成的。

貝里斯：大藍洞

全球各地的潛水客都蜂擁來到這個超過 300 公尺寬、125 公尺深的巨大水下滲穴看珊瑚、巨大的石斑魚，還有會游到貝里斯大藍洞的許多種鯊魚。很久以前，它本是一個洞穴系統，在最近一次的冰河期海平面上升時塌陷。

越南：下龍灣

下龍灣看起來就像童話故事的場景，松綠石色的水面上點綴著尖銳陡峭的石灰岩柱。古代傳說這是龍為了抵禦外敵而創造的，但那其實是 5 億年來海面上上下下雕塑而成的。

美國猶他州：
布萊斯峽谷國家公園

根據美洲原住民派尤特族的傳說，布萊斯峽谷中的岩石尖塔是變成石頭的遠古生物。它們叫「岩柱」，有些甚至可達十層樓高！形成原因是融化的雪水滲入垂直的岩縫，夜晚降溫時又結冰，膨脹後把岩石撬開。

澳洲：波浪岩

雖然沒辦法衝浪，但波浪岩絕對是澳洲最壯觀的浪。它是一個 14 公尺高、110 公尺長的花崗岩露頭，原本埋在土中。後來侵蝕作用帶走了露頭上面的土壤，讓雨水得以沿著露頭側面流下，形成現在的外型。

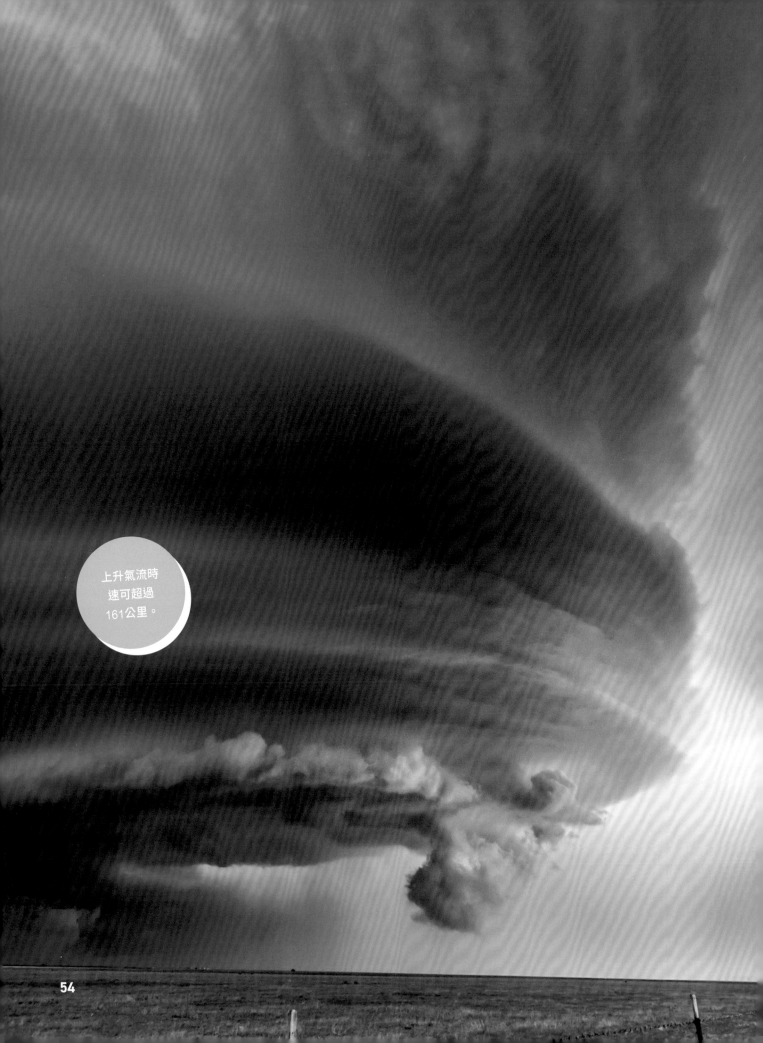

上升氣流時
速可超過
161公里。

雷暴

這是個炎熱的夏夜，大雨敲打著你家屋頂。突然間，一道閃電劃破夜空，接著……砰！隆隆雷聲響徹雲霄。

　　一開始的雨雲變成了雷雨雲。當地表附近的潮溼空氣受熱，把低處的水氣帶往高空，就會形成雲。水蒸氣在高空冷卻，凝結成小水滴，再聚集成雲。但這種雲有點不一樣。如果空氣非常溫暖潮溼，上升時就會把地表的熱能帶往大氣高層。上升氣流促成高塔狀的雲生成（有時達到好幾公里高），形成風暴胞。在風暴胞中，空氣像坐雲霄飛車一樣上上下下。在頂部，空氣降溫形成水滴，再變成小小的冰塊。冷空氣下沉，形成高速的下衝流。這股下衝流可以造成突然的暴雨。

　　空氣不斷上下運動，會把小水滴、塵埃和小冰塊在雲中來回攪動。它們聚集形成更大的雨滴和冰晶。不用多久，它們就會變得太重，再也無法乘著氣流往上升。但還在雲裡移動時，這些微粒會累積正負電荷，造成閃電（下一頁就有閃電的詳細說明）。

　　有時候，雷雨雲可以相互集結形成多胞雷雨雲。而最強的雷暴是來自超大胞，當胞內的上升氣流開始旋轉，就會形成超大胞。

致命的德雷丘

有時候，會有好幾個雷暴排成一列，看起來就像天空中一個巨大的架子。這種類型的風暴稱作「德雷丘」（西班牙文「就在前方」的意思），風速至少每小時 93 公里，最大陣風更可達每小時 121 公里。這種巨大的風牆造成的傷害可橫跨 400 公里，將樹連根拔起、吹倒電線杆、掀開屋頂，讓人損失慘重。

雷雨雲的內部結構

上升的暖空氣造成上升氣流，生成雲或胞，垂直發展雲系。

冰、塵埃和水分子變成帶電體，在雲中分成正負電兩區。

沉降的冷空氣造成下衝流，為地表帶來狂風暴雨。

劈！是閃電！

大家都知道在1752年，班傑明‧富蘭克林在一場雷暴中放了風箏，上面掛著一把鑰匙，首度證明了閃電就是一道電流。今日我們知道，閃電會發生是因為雷雨雲中的電力不斷累積。當冰晶之類的輕量粒子與較大、較重的粒子碰撞時，較輕的粒子會產生正電，較重的粒子則會產生負電。上升氣流會把較輕的粒子帶到雲系頂部，較重的粒子則落到雲系底部。這時候，雲就有了正負兩極，跟一顆電池一樣。

最後，雲系會累積出一股強大的電力，而這股能量會在正負極之間爆發。大多數的閃電都是這樣發生的，稱為雲內閃電。只有大約20%的閃電會從雲底的負極區劈向地表帶正電的物體，如樹、尖塔和建築物。這稱為雲地閃電，你在雷暴期間看見的閃電大部分都是這種閃電。

典型的閃電通常是這麼開始的：雲底的負電荷以階梯形式直奔地表。在此同時，正電荷也在地表累積，並受到雲底的負電荷吸引。地表的正電荷會集中在任何高聳的東西上面，例如樹。當地表的正電荷與雲底的負電荷連接上時，閃電就產生了。你看到的那道閃光會在百萬分之一秒內從地面竄到空中。單單一道閃電裡就含有驚人的能量——將近10億焦耳，夠你烤10萬片麵包！這也表示，被閃電擊中的東西有時會起火。

富蘭克林推斷，閃電會受高聳的金屬物體吸引。他證明，在屋頂上裝一根金屬避雷針，有助避免房舍被閃電直接擊中：只要在避雷針上綁一條金屬線，讓線的另一端接觸地面，就能把電直接引導到土壤中。災害被控制住了！

雷聲的基本常識

閃電會把周圍的空氣加熱到攝氏2萬7760度——大約是太陽外層溫度的四倍。受熱空氣會膨脹，接著又迅速收縮，產生「碰！」的一聲巨響，原理跟你拍手一樣，只是音量大得多。

光的行進速度比聲音快得多，所以你會先看到閃電，然後才聽見雷聲。事實上，你可以透過兩者時間差來估算你與閃電的距離。看到閃電後，立刻開始數：「一秒鐘、兩秒鐘……」直到聽見雷聲。每五秒鐘代表 1.6 公里的距離。

賭你不知道！

在科學家還摸不透這種神奇燈光秀的發生原理之前，許多古文明都創造出自己的傳說來解釋閃電。很久以前，古希臘人認為天神宙斯可以向敵人投擲閃電。而在北歐神話中，索爾拿著雷神之鎚在空中屠殺巨人，製造出閃電。

人被閃電擊中的機率
大約是5000分之1。
不過要是遇上雷暴，
最好還是躲起來！

降雨最快的紀錄是一分鐘31.2公厘，發生於1956年的美國馬里蘭州尤寧維爾。

洪水與泥流

好幾個月沒下雨了，地面乾裂。樹叢和草地都枯黃乾燥，丘陵地表也碎成一塊塊。接著開始下雨……而且下個不停。這應該是好事吧？不見得。

洪水：如果一連下好幾天的雨，河水水位會高漲，越過河堤。美國的大河，例如密西西比河、密蘇里河與俄亥俄河，都是重要的交通路線，沿岸坐落著許多大城市。所有這些城市都曾經歷降雨過量所導致的可怕洪水。

例如，馬里蘭州的埃利科特就曾在2016年7月經歷一場號稱千年一遇的大雨。也就是說，根據美國國家氣象局的記錄，任何一年要發生這種規模的降雨，機率大約是1000分之一。短短兩個小時內的降雨量就達到150毫米，讓帕塔普斯科河水位上升4公尺，淹沒整座城市。

泥流：一般情況下，雨落到地表就會滲入地下，沿著植物的根部往下滴。不過若是突然下超大的雨，或是山頂突然融化大量雪水，水就會與土壤混和，使土壤液化、朝下坡移動。大型的泥流甚至能沖走整個山腰。

2017年8月，經過一個很長的乾季後，豪雨在西非獅子山共和國的首都自由城郊外造成了泥流。大雨期間，雷鎮的一座小山的山腰被沖走，大量泥土像雪崩般向山下移動，吞噬了小房子、車子、樹以及所經之處的一切。總計造成1141人死亡，超過3000人無家可歸。

開水閘！

美國很多地方都有水閘保護城市免於洪災。肯塔基州路易斯維爾市的水閘系統可以把氾濫的俄亥俄州河水引導到抽水站，還有水泥高牆與土堤，形成一個防洪系統，就是要確保當地將近 9 萬戶人家的安全。

賭你不知道！

泥流的速度可達每小時48到322公里，推動數百噸重的岩石與土壤。

世界氣象組織會給颶風取名字，以便追蹤記錄。而每個地區都有各自的名單，命名風格各不相同。南海地區會取洛坦、盧碧等名字；澳洲有伊基、基里利等；美國則會用佛瑞德、維琪等。

2005年威爾瑪颶風來襲時，佛羅里達州邁阿密的棕櫚樹受到時速超過161公里的強風摧殘。

颶風

颶風是地球上最猛烈的風暴，能帶來會造成洪災的極強降雨以及狂風。它們多在海面形成，由溫暖的熱帶海洋提供能量。只要滿足相關條件，風暴雲就會愈長愈大，雲系統整，產生一個低氣壓中心。隨著雲系發展、愈轉愈快，你最好關緊門窗——颶風生成了！

薩菲爾─辛普森颶風風力等級根據持續風速把颶風分成1到5級。風速愈快，風暴愈強：1級颶風的風速介於每小時119到153公里之間；5級颶風的持續風速最快，平均每小時達252公里以上。

颶風雖是生成於溫暖的熱帶海域，但卻可以在海面上移動好幾百公里，朝海岸區域靠近。2012年10月，超級颶風珊迪原本只是個生成於中美洲尼加拉瓜附近的熱帶風暴。接著它就發展成1級颶風，暴風半徑達780公里。這個颶風沿著美國東岸向北移動，所經之處滿目瘡痍，到了紐約後又轉向內陸往五大湖區移動，進入加拿大。由於颶風一旦登陸就會開始減弱，所以珊迪登陸之後沒幾天就消失了。

颶風登陸時會帶來大量的降水。強降雨可能導致洪水，不過更大的問題是風暴潮，也就是被風暴拖過來的一波突如其來的海浪。當超級颶風珊迪登陸時，它已經減弱成科學家所稱的「溫帶氣旋」。但它還是造成相當嚴重的災害，這有一部分是因為當時正逢滿月，大潮比平常高出了20%。颶風挾著潮汐揚起一波將近4.3公尺高的巨浪，重擊紐約市和紐澤西沿岸。房屋被摧毀、道路被沖走、隧道與地鐵淹水，還有超過100人喪命。城鎮若是遭遇這種等級的風災，都需要好多年才能恢復。

颶風、颱風還是熱帶氣旋？

這三種名字你可能都聽過，用來描述旋轉的巨大風暴。不過三者究竟差異何在？颶風和颱風都屬於熱帶氣旋——泛指生成於熱帶海域的旋轉風暴系統。熱帶氣旋的風速一旦達到每小時119公里，就可能會換一個新的名稱。若是在北大西洋、中北太平洋及東北太平洋，它們叫颶風。若是在西北太平洋，它們叫颱風。而若是在南太平洋和印度洋，它們則會保留原來的名稱：熱帶氣旋。

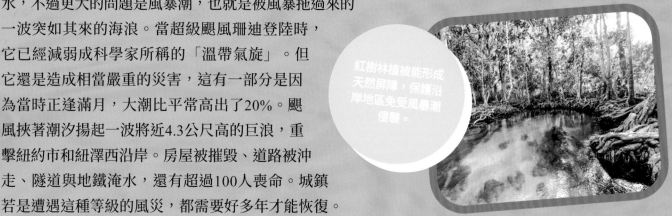

紅樹林植被能形成天然屏障，保護沿岸地區免受風暴潮侵襲。

第四章
強風天氣

當頭頂的樹葉沙沙作響，或是路旁有一張紙片被吹起時，我們多半不會去注意到風的存在。但是有時候，風又讓你難以忽視：它能把你的傘吹到開花、掀翻屋頂，甚至吹跑公路上的車輛。

風就是空氣在地球上流動。它影響著全球的天氣，讓全世界的空氣循環，還會把風暴吹得到處跑。有時候風甚至會旋轉，形成地表上最強大的天氣現象之一：龍捲風。

1925年的
三州龍捲風

1887年，美國天氣局（今美國國家氣象局）禁止全國使用「龍捲風」這個詞，且這道禁令持續了38年。為什麼？因為龍捲風在當時完全無法預測。研究龍捲風是在浪費時間，而使用這個詞只會造成民眾恐慌。不過當美國史上最致命的龍捲風在1925年3月18日襲捲美國中西部時，這個論點受到了挑戰。

當天下午1點，一道旋轉的空氣柱出現在密蘇里州埃靈頓鎮附近，造成一名當地農夫死亡。83分鐘後，它已經走出密蘇里州，造成11到13人死亡。而那還只是開始而已。下午2點26分，龍捲風襲擊伊利諾州戈勒姆。一位倖存者描述：「空中什麼都有，木板、樹枝、衣物、平底鍋、爐子，全部在空中攪和成一團。我還看到房子的整面牆在地上翻滾。」蹂躪完這座城鎮後，龍捲風又往附近的墨菲斯伯勒市移動。它在那裡破壞了一座鐵路維修廠、一所學校，以及一整條一整條的住宅街區。

三州龍捲風讓數千人
流離失所。

接著龍捲風又來到伊利諾州的西法蘭克福，然後越過州界進入印地安納州，摧毀了格里芬和普林斯頓這兩座城鎮。等到它那將近480公里時速的風終於消散時，這個龍捲風已經肆虐了超過3.5個小時，走了352公里遠。這個旋轉的空氣柱直徑有1.6公里寬，大到你幾乎認不出那是個龍捲風。（事實上，現代科學家認為那有可能是很多個龍捲風集合在一起。）總之，共有695人死亡，超過2000人受傷，1萬5000座房舍被摧毀。災難過後有數以千計的人沒有食物可吃，還要對抗火災、打劫和竊盜等行為——可謂美國史上最慘的災難之一。有些

三州龍捲風造成的傷害。

在1925年，平均每年有500人死於龍捲風。現在這個數字只有69。

城鎮花了15年時間才完全恢復。

　　這場悲劇帶來的一項好處就是現代龍捲風預測科技的誕生。災難過後，當地人立刻籌組聯繫網絡，觀察龍捲風動向並且警告在龍捲風路徑上的民眾。龍捲風的致死率開始下降。但還要再過20年，一個更正式的龍捲風預警系統才開始成形。

　　1948年3月20日，一個龍捲風襲擊奧克拉荷馬州奧克拉荷馬市的廷克空軍基地，於是基地上的一位將軍就要求他手下的兩名氣象學家研究怎麼預測龍捲風。短短五天後，氣象學家就回報說當下的天氣狀態與3月20日極度相似。他們說得沒錯。第二個龍捲風再度襲捲空軍基地，不過因為有預警，所有的飛機都在棚廠內，人員也都有時間躲避。傷害微乎其微。沒過多久，美國天氣局（今日美國國家氣象局）就解除了「龍捲風」這個詞的使用禁令，專家也開始努力為龍捲風路徑上的人提供預警。

地球上最快的風
出現在龍捲風內部，
風速可超過每小時400
公里。

本頁：美國佛羅里達州基韋斯特沙灘
上的人就是靠風力讓風箏飛得高。

右頁：波羅的海的風力發電場，靠風
力產生電力。

什麼是風?

全球各地,風時時都在變。有時候就只是一陣微風,但有時候又會變成一場天氣災難。我們周圍的空氣中究竟發生了什麼事?

我們已經知道風是氣壓改變造成的。空氣分子從密度大的區域(高氣壓區)往密度小的區域(低氣壓區)移動,空氣流動而產生風。地球表面氣壓不同通常都是溫度差異造成的。暖空氣上升製造出低壓區,讓高壓區的冷空氣流入,填補暖空氣的位置。

海風與陸風是兩種常見的風。當陸地上的空氣因午後陽光加熱而升溫時,就會產生海風。空氣升溫就會上升,這時海面上較低溫的空氣就會移入,取代原本的暖空氣。到了傍晚,海風可以吹進內陸數十公里遠。到了晚上,內陸的溫度可以降到比海面溫度還低。這時機制就會反轉,吹起陸風,從內陸吹向海面。

一般來說,氣象播報員呈現在天氣圖上的高低壓區域,就是我們每天吹到的風背後的成因。大部分時候,高低氣壓區之間的氣壓差很小,產生的風是分散在很大的區域。這種風吹起來很輕柔。不過有時候,高低壓區域的氣壓差很大,這種情況下,空氣的流動就會十分快速,產生高速的風。

風力

風是一種在地球上不斷移動的能源。人類使用風力已經有幾千年了:他們曾靠風力驅動帆船橫越海洋,也曾讓風推動風車葉片,碾製穀物。

今日,現代風力渦輪能捕捉在地表移動的風能。葉片轉動時,會驅動內部的發電機軸,產生電力。世界各地都有家庭與企業使用這種電力。專家預測,到了 2050 年,風力可以提供地球上三分之一的電力。

全球大氣環流模式

風並不是只能讓你涼快一下或冷得拉緊外套。它還持續以固定模式在地球表面流動。這些全球風流模式對於重新分配與循環地球熱能至關重要。

全球大氣環流模式有部分與所謂的科氏力有關。由於地球是個球體，且沿著看不見的地軸旋轉，所以會產生科氏力。地球本身中間寬、兩端窄，所以你若站在地球的赤道上，那麼你每天轉一圈都會繞上4萬200公里。但只要不是站在赤道上，每天行進的里程就會比較短。舉例來說，如果你有個朋友站在距離北極或南極點0.3公尺的地方，那麼他一天移動的里程就只有大約1.8公尺！這表示你和你的朋友以不同的速度在移動：站在赤道的你時速有大約1674公里，而站在極區的友人時速只有0.00008公里。

科氏力會以奇怪的方式影響在地表上自由移動的東西，例如風：北半球的風會往右偏，而南半球的風則會往左偏。而當科氏力和地表受熱不均勻加在一起時，全球大氣環流模式就產生了。主要的風流模式有三種，通常以固定的方向吹過全球：信風、西風，以及極地東風。

噴流

噴流是另一種風，是地球自轉加上地表受熱不均勻而產生的。它們是大氣上層的強風，風速可達每小時 443 公里。飛機機師常會飛在平流層底部，也就是噴流的高度。藉助噴流的推力，既能節省燃料又可縮短飛行時間。主要的噴流有兩種：極地噴流與副熱帶噴流。

極地噴流

副熱帶噴流

賭你不知道！

許多人認為，科氏力會讓北半球的水槽或馬桶中的水以逆時鐘方向流入下水道，而南半球則是順時鐘。但那只是個迷思！科氏力的影響力太弱，無法改變水流入下水道的旋轉方向。順時鐘或逆時鐘流下，其實是取決於馬桶的設計。

全球大氣環流模式

位於熱帶的暖空氣上升，在高空往南北兩方逸散。到了中緯度區域，也就是南北緯 30 度附近，空氣會冷卻並開始下沉。

西風帶

沉降的空氣有一部分往極區移動。在科氏力的影響下，空氣的流動方向會轉彎，變成由西向東吹。

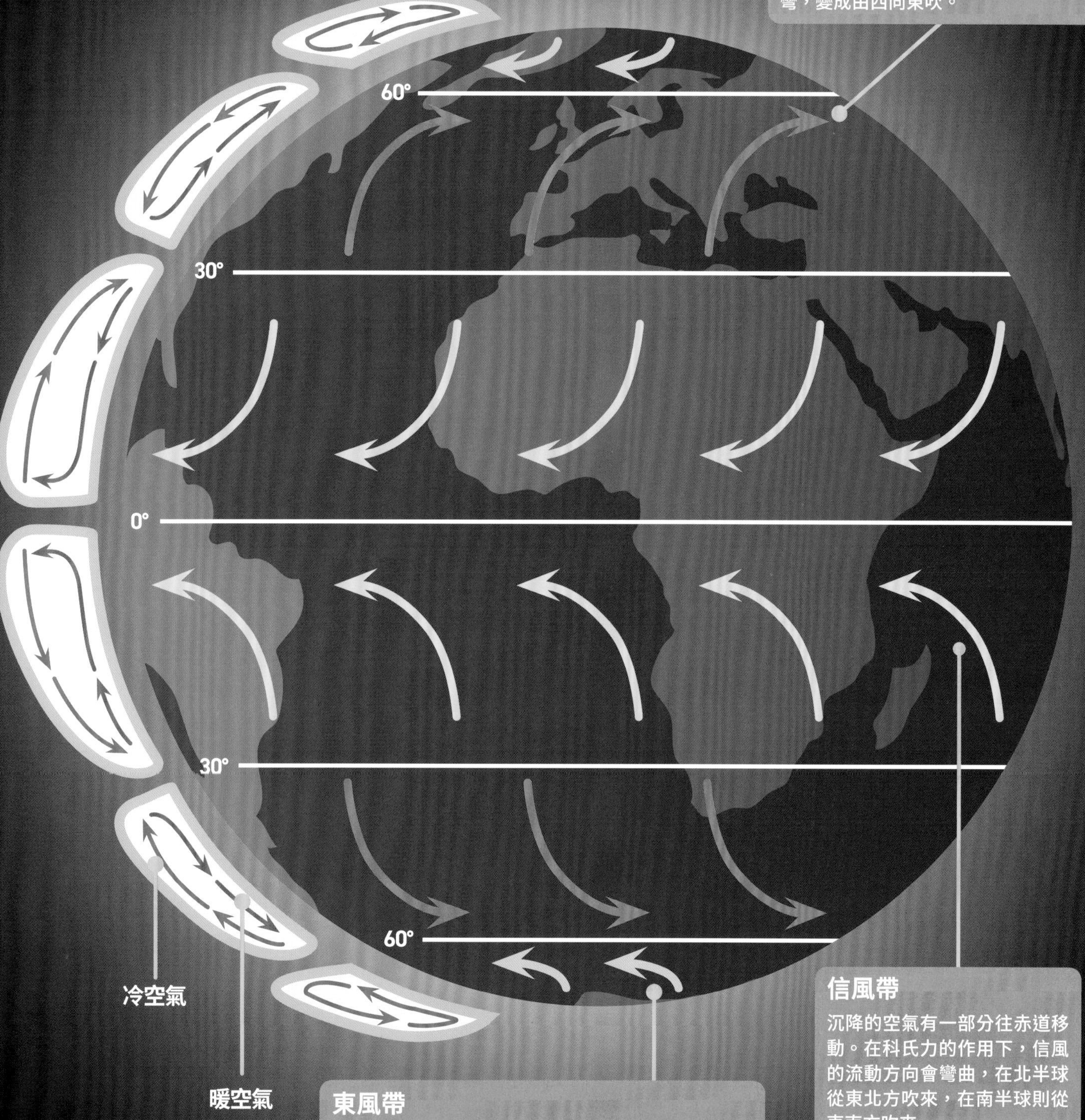

60°

30°

0°

30°

60°

冷空氣

暖空氣

東風帶

在緯度高於 60 度的區域，寒冷的地表風傾向於往溫暖的赤道方向吹。不過科氏力會把它們偏轉成與信風同向，因此極地東風是由東向西吹。

信風帶

沉降的空氣有一部分往赤道移動。在科氏力的作用下，信風的流動方向會彎曲，在北半球從東北方吹來，在南半球則從東南方吹來。

69

最大風速

1996年4月10日，熱帶氣旋奧莉維亞於印度洋上空往澳洲前進。

熱帶氣旋奧莉維亞的行進路線

你可曾看過強風吹翻遮陽傘——或是感覺自己快要被吹倒？如果有，那麼你應該就有好奇過：風到底能強到什麼程度。

如果摒除龍捲風不算，地表有記錄的最快風速是出現在颶風中。1996年4月10日，熱帶氣旋奧莉維亞襲擊西澳大利亞州外海小小的巴羅島。氣旋內有個獨立的中渦旋——也就是風暴內的一個小型氣旋。行經巴羅島時，它產生了五陣短暫的極強風——其中最強的一次風速達到每小時408公里。這究竟有多快？跟劇烈雷暴比一比就知道：劇烈雷暴裡的最大陣風通常是每小時80到105公里！但由於數據太誇張，專家心存懷疑，直到2010年這個數據才獲得認證，成為新的風速最高紀錄。

先前的世界紀錄維持了超過60年，是1934年4月12日在美國新罕布夏州的華盛頓山山頂測到的。那陣強風時速372公里，直到今日仍是北半球測得的最快風速。美國甚至把每年的4月12日訂為「大風日」。

極限高速

龍捲風素來以高速的風出名。但為什麼創紀錄的不是龍捲風呢？因為龍捲風的風速真的很難直接測量——若真有科學家嘗試，那些極強狂風會弄壞他們的測量儀器！氣象學家只能用都卜勒雷達向移動中的物體發射微波，分析反射信號，再估算出龍捲風的風速。如果把龍捲風的風速也算進來，那麼最高紀錄應該是每小時 485 公里——那是1999 年 5 月 3 日橫掃美國奧克拉荷馬州的龍捲風的約略風速。

美國新罕布夏州的華盛頓山的當地標語：「世界天氣最差的地方」。

賭你不知道！

華盛頓山的地理位置讓它成了狂野天氣的好發地。它海拔1917公尺，是美國東北部最高峰。而且發源自大西洋、墨西哥灣和西北太平洋的風暴全部都會路經此處，所以華盛頓山對強烈天氣可說是司空見慣。事實上，山頂還有一座氣象觀測站，叫「華盛頓山觀測站」。聽起來還真是個很刺激的工作場所！

上：科學家用都卜勒雷達車收集龍捲風的數據資料。

左：完全被冰覆蓋的華盛頓山觀測站。

從發出龍捲風警報到龍捲風來襲，中間的平均時間是13分鐘。

在美國南達科塔州的曼徹斯特附近，一個改良藤田級數4級的巨大龍捲風朝追風者的廂型車襲來。

龍捲風

龍捲風大多是從一種名叫「超大胞」的特殊雷暴生成的。要生成超大胞，需要有許多能量以及恰到好處的氣流條件，讓潮溼的空氣上升到1萬2192公尺以上的高空，進入對流層。這時這股上升的空氣就會開始旋轉。大約有25%的時候，超大胞的旋轉空氣轉呀轉的就會把自己扭回地面。就這樣，一個龍捲風誕生了。不過超大胞究竟是怎麼生成龍捲風的，科學家也還在研究。

龍捲風的蹤跡遍布世界各大洲，只有南極洲除外。但它們還是最常見於北美洲，平均每年都有超過1000個。而且它們多半發生在一個特定區域：美國大平原區的德州、奧克拉荷馬州與堪薩斯州，再延伸到內布拉斯加州。這個地區有個綽號叫「龍捲道」，擁有適合龍捲風生成的絕佳條件：從墨西哥灣海面吹來的暖溼空氣遇上從洛磯山脈頂上吹下來的乾冷空氣。當冷熱氣團碰撞時，就會產生形成超大胞所需的適當氣流條件（旋轉的上升流與沉降流），進而生出龍捲風。

許多地區（包含美國、加拿大與歐陸）都使用相同的度量系統來為龍捲風的強度分級，稱為「改良藤田級數」，把龍捲風分成EF0到EF5級。EF0級的龍捲風只會造成輕度傷害，例如樹木或路牌傾倒等。EF5則會造成驚人的災害，例如房屋被連根拔起、破壞殆盡。

不論外面氣溫為何，龍捲風牆內的氣溫都比較低。這是因為漩渦會吸入空氣，而當空氣往中心移動時就會膨脹。隨著氣壓下降，溫度也會跟著下降。

賭你不知道！

真是股旋風！

龍捲風並不是空中唯一的旋轉漏斗雲。如果有一塊土地溫度升高得比周圍土地快，例如棒球場內野的沙地相對於外野的草地，就會出現塵捲風。空氣受高溫地表加熱上升，形成一個垂直上升的暖空氣柱。只要條件適當，這個暖空氣柱就會從地面附近吸收更多的暖空氣，變得更強大。這些熱空氣漩渦會沿途揚起沙塵碎石，所以叫塵捲風。地球上的塵捲風通常威力很小，不會造成傷害。但在滿是沙土的火星表面，比地球最大的龍捲風還要大十倍的怪獸級塵捲風卻是家常便飯。

旋轉的空氣漩渦若是發生在水面上，就稱為水龍捲。其中有些是晴天水龍捲，在接近水面的地方形成，然後往空中爬升。這種的通常規模很小，並不危險。但有時候，也會有真正的龍捲風在水體上空形成，或是從陸地上移動到水面上，造成水上龍捲風。跟陸上龍捲風一樣，水上龍捲風也跟強烈雷暴有關，可能非常危險。它們有時甚至會沿途吸起魚或青蛙，然後在其他地方降下「魚蛙雨」！

塵捲風

水龍捲

73

龍捲風怎能舉起房子那麼大的物體？

2014年，有個追風者跟著一個龍捲風跑，結果拍下了驚人的畫面。內布拉斯加州有一棟房子被龍捲風從地基上直接拔起，翻轉180度，然後放回原處——只是上下顛倒！雖然建築物本身嚴重受損，不過當房子在頭頂上旋轉的時候，屋主和兩個小孩躲在地下室逃過了一劫。

還有其他影片拍到龍捲風捲起聯結車然後到處亂拋，彷彿它們是玩具一樣。龍捲風還能掀翻火車、讓牛隻飛上天。不過龍捲風究竟是怎麼辦到的？

龍捲風嚇人的破壞力源自於風速，旋轉風

2014年6月16日龍捲風席捲美國內布拉斯加州皮爾傑鎮，所經之路滿目瘡痍。

這種強度的龍捲風就算無法把房屋連根拔起，還是能造成相當大的傷害。

龍捲風怪奇現象

有時候，龍捲風留下的災害真的很怪異。

玉米雹：2015 年，一場 EF3 級的龍捲風襲擊德州帕瑪市，把玉米株捲上高空。因為實在太高，玉米外層結了一層冰，接著變成玉米冰雹掉下來。

蟲捲風：2014 年葡萄牙希拉自由鎮發生一起塵捲風事件，但被它吸進去的不只塵土，還有一群蟲子。目擊者把這個 305 公尺高的漏斗雲取名叫「蟲捲風」。

天王椅：2011 年，一個直徑 1.6 公里的龍捲風襲捲密蘇里州的喬普林，以每小時 322 公里的速度捲起一張餐桌椅——然後大力摔向一家商店的外牆。由於力道太大，椅子的四隻腳直接插入了水泥牆中。

速可達每小時483公里，並同時挾帶碎石殘骸。當風從房屋之類的建築物上面吹過時，就會產生上升推力——跟飛機的飛行原理一樣。強風灌進屋內，像吹氣球一樣讓房子充滿高壓空氣，並不斷推擠屋頂。龍捲風本身強大的吸力與上升氣流則會把物體吸進中心，中心的漩渦會讓物體停留在半空中。所以當龍捲風在地表移動時，會帶著東西一起走，這就解釋了為什麼有些東西最後會出現在奇怪的地方。

1995年，奧克拉荷馬大學的研究人員想知道龍捲風究竟可以把物體帶到多遠的地方。所以在一場龍捲風過後，他們請災區民眾提供能辨識來源的物品，例如支票，上面有開支票者的姓名地址等資訊。他們蒐集了超過1000件物品，然後畫出它們的旅行地圖。雖然很多都飛了很遠，從24到32公里不等，不過有少數幾個案例是真的讓人下巴掉下來——其中有一件甚至移動了超過241公里！

一場猛烈的季風雨過後，印度新德里的帕哈甘吉區，行人與人力車夫奮力走過淹水的街道。

季風

人聽到「季風」可能會聯想到帶來傾盆大雨的風暴。但這不太正確。季風不是風暴,而是隨著季節改變的區域風系。這類風系變化可能帶來大規模降雨,但也可能因此造成乾旱。

和所有天氣事件一樣,季風也是地表受熱不均造成的——以季風而言,是陸塊與最近海洋之間的溫差。大部分的夏季時間,陸地都比海洋溫暖,使得大陸上方的空氣受熱上升,留下一個空間,這時較低溫的海面空氣就會流入填補空隙。又因為來自海洋的空氣大多飽含水分,所以容易導致陸地大規模降雨,有時一下就是好幾個月。這就是所謂的夏季季風。

最著名的夏季季風發生於4月到9月之間,印度洋上潮溼的空氣吹向印度、斯里蘭卡、孟加拉、緬甸以及附近其他國家。夏季季風讓這些區域氣候潮溼,且夏天時常降下豪雨。

強烈的季風可能釀成大災,造成大洪水以及人命傷亡,但許多地區也十分仰賴夏季季風。印度與東南亞的農人需要季風雨來補充井水與地下含水層,他們一整年都是靠這些水源來灌溉稻米與茶樹。夏季季風期收集的雨水也可用於水力發電,供醫院、學校及商辦使用。

雖然不像愛下雨的夏季季風那麼出名,但確實也有冬季季風存在。冬季季風通常乾燥、不降雨。最有名的冬季季風是從蒙古和中國西北部吹過大半個亞洲大陸的乾冷東北季風。由於有喜馬拉雅山擋著,大部分的風都吹不到海岸區域還有印度和斯里蘭卡等地。所以對當地而言,冬季季風不像夏季季風那麼強。

北美季風

季風不是熱帶才有。世界其他地區也有季風,包括北美洲。每年一次(通常在仲夏),都會有溫暖潮溼的空氣從加利福尼亞灣向東北方吹,遇上從墨西哥灣往西北方移動的暖溼空氣。兩個氣流在墨西哥中部的西馬德雷山脈碰撞,為美國西南部帶來強降雨、強風、暴洪、冰雹和閃電。

賭你不知道!

北美季風有時可以扮演天然消防隊的角色,協助撲滅美國西南部(包括亞利桑那州、新墨西哥州和德州)的夏季野火。

風蝕奇景

感覺上，風似乎不可能有辦法侵蝕土壤和岩石。但只要時間夠久：幾百萬年下來，風也能慢慢侵蝕地表，創造出許多不可思議的奇景。

美國猶他州：
妖精谷州立公園

雖然叫妖精谷，但這裡沒有任何鬼怪——只有奇形怪狀的岩石，怪到有點嚇人！這座 3.2 公里長的山谷裡遍布著數以千計的橘棕色蘑菇狀石雕，成因是風漸漸帶走堅硬岩石底部的砂質層，留下頂部搖搖欲墜的岩石結構。

紐西蘭南島：
斜坡角

紐西蘭南島經年遭受來自 4800 公里外的南極冷冽強風吹襲。除了一些綿羊和牠們的飼主外，幾乎沒有動物居住。真是太可惜了，因為那裡的風景著實令人驚豔：整片整片的樹林在強陣風的吹襲下，已經永久呈現歪斜的狀態。

祕魯塞丘拉沙漠：布蘭科山

沙丘是風把沙粒吹到一個有遮蔽的區域而形成的。經年累月下來，這些沙子會不斷堆積：祕魯的布蘭科山是地表最高的沙丘之一，可能也是全世界最大的沙丘。它的高度約有 1176 公尺，比世界最高建築（阿拉伯聯合大公國杜拜的哈里發塔）還要高。

中國雲南省：石林

好啦，雲南石林的壯觀奇景並不完全是風蝕的結果——水也有功勞！大約 2 億 7000 萬年前，這個區域是一片淺海。遠古的有殼生物在這裡生活死亡，外殼堆積形成數千公尺厚的岩層，最終硬化形成兩種岩石：石灰岩和白雲岩。後來，地質活動抬升海床，岩石受到風與水的侵蝕，形成了巨大的垂直石柱。

中國甘肅省敦煌：雅丹國家地質公園

如果風挾帶著沙塵長時間吹拂地表，就能形成風蝕嶺——也就是尖銳、不規則的地脊。中國甘肅省的這個奇妙地景就是這麼來的。如果你覺得它像外星場景，那麼你離事實也不遠了：火星上也有觀察到風蝕嶺的痕跡！

第五章

炎熱天氣

時值盛夏。你的衣服黏著後背，鞋底黏著柏油路面。
一絲風也沒有，一切安靜沉寂。就連鳥和昆蟲似乎都在睡覺躲避暑熱。你滿腦子只有冰棒和游泳池——只要能幫你消暑就好。

有時候，熱天可以從只是不舒適變成極度危險。熱浪來襲可以炙烤大地好幾個月之久。塵暴可以在短短幾分鐘內讓整個地區黃沙漫天。乾旱則可以持續好幾年。以下就是人類和動物熬過世界最炎熱天氣的方法。

熱浪

2003年，一架載著水的直升機飛過葡萄牙的致命森林大火。

2003年的6月、7月和8月，歐洲歷經了前所未有的熱浪。那年夏天，從西班牙北部到捷克、從德國到義大利的一大片區域氣溫比以往平均高出了30%。很多國家都經歷了有史以來最高溫，有些地方甚至出現攝氏41.5度的紀錄。

世界上有許多地方都會定期經歷比這還熱的日子。但對歐洲這些地區來說，這麼熱的天氣很少見，所以大多數人都毫無準備：例如在法國，大部分人家都沒有冷氣。因此這波熱浪在法國造成超過1萬4000人死亡，全歐洲則至少有3萬人喪生。其中大多數是嬰幼兒、慢性病患者與老年人。

除了人命損失，2003年的熱浪也在歐洲大陸造成各種傷害。塞爾維亞境內的多瑙河水位降到一個世紀以來的最低點，讓二次世界大戰期間沒入水中的炸彈和戰車重新露出水面。供應公共用水的水庫和河流乾涸見底。降雨不足

2003年熱浪期間，英國在8月10日測得有史以來的最高氣溫：攝氏38.1度。

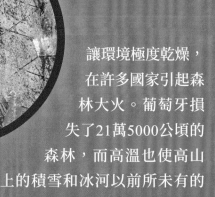

讓環境極度乾燥，在許多國家引起森林大火。葡萄牙損失了21萬5000公頃的森林，而高溫也使高山上的積雪和冰河以前所未有的速度融化，在瑞士引發暴洪。

雖然比起其他自然災害，熱浪並沒有那麼引人注意，但它們造成的死亡人數卻比洪水、龍捲風和颶風加起來還要多。而且根據科學家的計算，氣候變遷應該會使2003年那樣的極端熱浪更加頻繁。世界氣象組織估計，與酷熱相關的死亡人數在未來20年內會翻倍。到了2040年代，像2003年那樣的極端狀況可能變成常態。

面對提高的熱浪風險，各國將必須想出新的方法來協助公民在熱浪中存活。2003年的熱浪之後，歐洲大多數政府已經制定行動計畫，包括預警系統和針對高危險群的緊急措施。

左上：在西班牙巴塞隆納，一個男孩穿過噴泉，為自己消暑。

上：人群經常湧向海灘，躲避破紀錄的高溫。

左：在葡萄牙中部的塞雅附近的薩布蓋魯村，一個居民試圖擊退火舌。這場森林大火也是2003年的熱浪引起的。

極度高溫會使柏油路面融化。

2006年7月，美國遭遇熱浪，路易斯安那州東北部的玉米被太陽晒得焦黃乾枯。

酷熱天氣從何而來？

當空氣被困在地球表面的某個區域，就會產生熱浪。通常空氣會在地表循環，但當熱浪發生時，空氣不會移動，只會在那裡變得愈來愈熱，就像烤箱裡的空氣。

2003年的歐洲熱浪是一個反氣旋引起的。反氣旋是一個會導致空氣下沉的高氣壓區。反氣旋的下沉空氣跟一般的上升空氣不同，不會形成雲，所以不會帶來降雨。反之，它們會帶來乾燥炎熱的天氣。而當地面變乾時，蒸發作用也會減少，讓一切變得更乾。

當高壓系統進入某個區域時，大氣上層的空氣會被迫往下沉。地表的空氣被壓縮，造成氣壓上升，這時空氣分子會以更快的速度相互碰撞，溫度也會上升。

有時高氣壓會停留很久，這時其他系統就無法介入。而少了雲層遮擋，陽光會直射地球表面，使原本的高溫變得更高。這就是為什麼熱浪往往持續很多天，甚至幾個月。這種天氣系統滯留的時間愈長，影響就愈大，當地也會變得愈熱。

有時候，熱浪也會因噴流而加劇。噴流是一種高速的風，在距離地面8到15公里的大氣層上部流動。通常噴流會把天氣吹往世界各地，但當動力不足時，天氣現象（例如熱浪）就會長期滯留一地。

熱浪安全須知

- 熱浪來襲時，放慢腳步、避免太過費力的活動。
- 穿著輕薄的淺色衣服。
- 就算不口渴也要多喝水。攝取富含水分的食物，例如蔬菜和水果。
- 在沒發動的車輛內，溫度會急遽上升，因此要非常小心。絕對不能把小孩和寵物留在車內。
- 去有空調的場所走動。熱浪期間是泡圖書館的好時機！

史上最炎熱

最高溫紀錄

地表有史以來的最高溫為攝氏56.7度，出現在美國加州死谷的火爐溪，那裡是莫哈維沙漠的一部分。死谷以地球上最熱、北美最乾燥的區域著稱，夏季陰涼處溫度通常超過攝氏49度。空氣在下沉及壓縮時

持續升溫

極端熱浪、乾旱和野火似乎愈來愈普遍。這是為什麼？過去幾年是地球有史以來最熱的幾年。根據美國航太總署的說法，記錄上最熱的 19 個年分中有 18 個出現在 2001 年以後。科學家認為，氣候變遷是氣溫升高的罪魁禍首，而且最炎熱的時刻還沒到來。他們說，倘若暖化趨勢持續下去，到 2050 年代，每出現一個最低溫紀錄，就會有 20 個最高溫紀錄。

溫度會升高，加上火爐溪海拔在海平面58公尺以下，所以才會那麼熱。

超過攝氏37.8度的最長日數

當氣溫超過攝氏37.8度時，日常生活會變得有些不舒服。現在想像一下：這狀況持續160天——超過五個月！澳洲的馬布爾巴鎮就曾經歷這樣的事，從1923年10月31日到1924年4月7日。幸好鎮上的人已經習慣了這樣的熱浪。馬布爾巴鎮位於內陸非常遠的地方，因此涼爽的海風很少吹得到那裡。

兩分鐘內溫度飆升最快紀錄

1943年1月22日早晨7點30分，美國南達科塔州斯皮爾菲什的氣溫是攝氏零下20度。但是接下來，溫度就開始攀升……而且非常快。到了早上7點32分，氣溫已經升到攝氏7.2度——等於在短短兩分鐘內上升了攝氏27度！專家認為，這是冷暖鋒突然相遇所引起的異常波動。

史上最熱的一場雨

氣溫一旦超過攝氏37.8度，就會很少下雨。因為這麼高的溫度通常需要高氣壓輔助，而高氣壓會造成沉降流，而不是形成雲層所需的上升流。但2012年8月13日，加州的尼德爾斯就發生了這麼一件稀奇的事。西南季風從南方帶來水氣，讓當地在攝氏46.1度下起了雨。

賭你不知道！

智利的阿里卡是阿他加馬沙漠中的一座城市，曾經有14年未曾下過一滴雨。2015年，雨終於落下，讓沙漠瞬間開出了奼紫嫣紅的野花！

熱過頭：
熱浪的奇異效應

熱浪期間真的發生過這些怪異事件。

前有突起

2017 年 4 月，美國喬治亞州迪凱特的道路在極端的高溫下突然向上彎曲斷裂，彷彿動作片的場景。路面會龜裂隆起是因為有溼氣進入路面上的裂縫，受熱膨脹後導致道路扭曲變形。

致命海洋

高溫不是只會出現在陸地上。2016 年，有一陣水下熱浪穿過太平洋。這坨移動的熱水被戲稱為「熱水團」，導致許多海洋生物死亡。

俄羅斯

阿拉斯加（美國）

加拿大

熱水團

美國

日本

太 平 洋

墨西哥　古巴

夏威夷（美國）

怪怪的點心

2018 年夏天的歐洲熱浪期間，法國西南部帕爾米爾動物園的動物就和人類遊客一樣汗水直流。為了讓肉食動物保持涼爽，管理員餵給他們用血和肉做成的雪酪。這隻住在法國米盧斯動植物園的北極熊則享用了比較傳統的點心：冷凍水果。

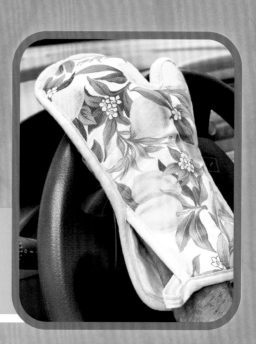

燙手方向盤

若是在太陽底下連續烤幾個小時，方向盤有時可以達到燙手的高溫。2017 年美國亞利桑那州土桑的熱浪期間，有些駕駛在開車前會先套上隔熱手套──真的！

禁飛區

2017 年 6 月的某一天，亞利桑那州鳳凰城的鳳凰城天港國際機場取消了數十個航班，因為天氣預報氣溫將高達攝氏 49 度。這聽來或許奇怪，但當氣溫太高時，有些飛機是無法飛行的。這是因為溫度升高時，空氣密度就會降低。如果降得太低，飛機機翼就無法產生的足夠的升力，因此無法起飛。

真的可以在人行道上煎蛋嗎?

你若曾在某個炎熱的日子外出,那你可能就有聽過這句老話:「天氣熱到可以在人行道上煎蛋了!」但,這真的可能嗎?

首先,來一點關於烹飪的科學:雞蛋充滿了蛋白質,也就是折疊起來的長條分子鏈。當蛋白質的分子鏈受熱時,它們就會斷裂。接著分子鏈的鬆散端會糾纏在一起,形成網狀物。這就是雞蛋煮熟會變硬的原因。蛋白變硬需要的溫度大約是攝氏62.8度,蛋黃則是攝氏65.6度。(若是比這還熱很多,蛋白質網狀物就會變得超級緊緻,蛋的口感也會更像橡膠。)

所以,沒道理不能在人行道上煎蛋——只要人行道夠熱就行。但很可惜,人行道的溫度不夠高。專家發現,人行道的最高溫大概是攝氏62.8度。即使蛋黃不行,要煮熟蛋白應該是可以。但當你把雞蛋敲到人行道上時,蛋液會稍微冷卻路面。水泥並不是很好的熱導體或介質,所以溫度下降後不會恢復,雞蛋也無法均勻受熱。

不過,確實有一些比人行道更適合拿來做灶臺的材料。深色物體吸收光線的能力較強,所以馬路上的黑色柏油可以變得比混凝土熱——或許夠拿來煎蛋。更好的選擇是汽車引擎蓋,因為金屬可以變得非常燙,同時也是熱的良導體。已經有人成功地在汽車引擎蓋上把蛋煎熟——只是當然,他們接著還得把這一團亂清理乾淨!

賭你
不知道！

每年7月4日，美國亞利桑那州的奧特曼市都會舉辦太陽煎蛋比賽。
參賽者有15分鐘的時間靠太陽煎蛋——但可以利用鏡子和放大鏡等
工具幫忙！

乾過頭：乾旱

「雨呀，雨呀，快走開！請你改天再過來！」你也許曾在某個下雨天聽過這首兒歌，但如果雨真的離開了，而且一去不回，會發生什麼事呢？

在某些地區，長時間沒有降水是正常的。例如加州洛杉磯一年裡平均只有36天會下雨，從春末到初秋通常幾個月沒下一滴雨。相較之下，華盛頓州西雅圖市以潮溼著稱，每年平均有152個雨天。因此在不同的地區，乾旱所代表的意義也不太一樣。乾旱的定義並不是某個地方一段時間都沒有降水，而是有一段時間比正常情況乾燥，導致水資源不足的問題。雖然乾旱並不總是與炎熱天氣有關，但氣溫升高可使乾旱更具破壞性。

如果降水稀少或完全沒有下雨，土壤會開始乾涸，植物也會死亡。人類賴以為生的農作物將無法收成。如果乾旱持續幾週或幾年，溪流會漸漸乾涸，湖泊、水庫和水井的水位也會下降，造成飲用水和灌溉用水短缺。如果出現供水不足的情形，乾期就會變成乾旱。

2011年10月到2016年9月，美國加州經歷了有史以來最嚴重的乾旱。科學家指出，年輪粗細會隨著當年的降雨量改變。從當地樹木的年輪推測，那次是公元800年以來最極端的乾旱期。乾旱使得杏仁等需要大量水分的作物價格飆漲，也讓野生動物面臨危機，例如鮭魚需要仰賴水量充足的河道才能洄游。此外，乾旱也讓這個地區容易發生野火。

科學家擔心，隨著地球持續暖化，高溫會使乾旱變得更加嚴重。他們預測，如果氣溫持續上升，美國西南部有99%機率會面臨持續幾十年的超級乾旱。

水到哪裡去了？

中亞的鹹海曾經滿是魚類，並為烏茲別克和哈薩克的人民提供灌溉水源。阿姆河和錫爾河這兩條大河注入這座曾為世界面積第四大的內陸湖，但在1960年代，蘇聯政府沿著河流建造水壩，把水送往附近的沙漠灌溉農田。

從那時起，只有少量水能流入鹹海，因此它已經幾乎乾涸。如今為了生態保育，鹹海北部有了一座新水壩。一座小湖形成，魚群數量慢慢增加。如果水資源管理得當，鹹海或許就能恢復生機。

告訴你不知道！

美國的家庭用水大約有95%都從排水管流走。

Fishing

本頁：美國堪薩斯州中南部奎維拉國家野生動物保護區的大鹽沼，在2012年的乾旱中完全乾涸。

左頁：駱駝穿過鹹海乾涸的湖床。鹹海位於兩個中亞國家之間，北邊是哈薩克，南邊是烏茲別克。

2018年科學家發現，從撒哈拉吹到美洲的塵暴可以防止雲層形成，也可能防止颶風形成。

美國亞利桑那州尤馬的哈布沙塵暴。

94

塵暴

呼咻！你一抬頭就看一個科幻場景似的畫面：一座巨大黑暗的牆矗立眼前，有好幾公里高。就在你看著它的時候，你發現它還在移動——而且很快。橫行地面時，整座城鎮都被它吞噬。當它朝你襲來，四周突然宛若黑夜降臨。風在耳邊呼嘯，沙子和碎片打在你身上，嗆得你快要窒息。這是氣象學最奇怪的現象之一：塵暴。

塵暴最常發生在沙漠和土壤乾燥的地區。正因如此，塵暴經常（但並非總是）發生在天氣炎熱的地方。塵暴有可能是乾燥地區的居民殷殷期待的東西——雨——所引發的。冰雹和雨滴開始落下，但因為地面附近太乾燥，它們落地前就蒸發了。這會造成空氣冷卻，而由於冷空氣比下方的空氣密度大得多，冷空氣會迅速下降，衝撞地面，然後挾帶著沙塵反彈，塵暴於是誕生。此外，當強天氣系統帶著強風穿過乾燥地區時，也會發生塵暴。

1930年代，持續近十年的乾旱襲擊美國西南部和中部平原區，4050萬公頃的土地乾涸，為沙塵暴創造了理想條件。在一場稱為「塵碗」的塵暴事件中，大風挾帶著令人窒息的沙塵從德州吹到內布拉斯加州。許多人和牲畜喪命，農作物歉收，200多萬人逃離家園，重新尋找宜居之處。

但塵暴並不總是壞的。科學家最近發現，來自非洲撒哈拉沙漠的沙塵雲會飄過整座大西洋，抵達南美洲的亞馬遜雨林。雨林的土壤很貧瘠，但沙塵會帶來植物生長必需的養分，例如鐵和磷。塵暴讓地球上最貧瘠的土地之一得以滋養地球最肥沃的地區之一。

哈布風

「哈布」是阿拉伯語「強風」的意思，長久都被用來專指中東和北非地區那些惡名昭彰的塵暴。1971 年，一群美國科學家借用這個詞來描述亞利桑那州一場嚴重的塵暴。那場塵暴與發生在蘇丹的塵暴有許多共同點，包括達到 1500 公尺的驚人高度。從那時起，這個詞就在美國被用來描述這種劇烈的塵暴。

第六章

寒冷天氣

若是在剛下過雪的早上拉開窗簾，映入眼簾的就是一片冬季仙境。不論是建築物、車子還是樹木，所有的東西都覆蓋著一層蓬鬆的白雪。你穿上雪靴、拉上外套拉鍊——玩雪的日子到了！有時候，冬季的降水模式是美麗又溫和的。不過也有些時候，它會帶來狂暴的天氣，造成暴風雪襲捲城市，或是讓所有東西表面都覆上一層危險的冰。寒冷的天氣事件是地表數一數二極端的！

大雪災

2010年冬天，美國北大西洋地區出現了破紀錄的降雪。路邊的停車收費器被雪掩埋，學校也關門了。為了出門，有些人還得從窗戶鑿出一條隧道。連尼加拉瀑布也有部分結冰！這樣的雪是許多人從來沒有看過的。

2009年12月到2010年2月之間，華盛頓特區到馬里蘭州巴爾的摩的這塊區域接連發生三場雪暴，累積了139公分厚的驚人雪量。這可是有將近1.5公尺——比一般的八歲小孩還高！這也是這個地區自1899年以來最大的降雪。由於實在太極端，當地人給這場雪暴取了個綽號叫「大雪災」。

有些人抓住機會好好利用的這場大雪，把自家屋頂變成臨時的滑雪道。不過這場大雪還是造成一些嚴重的問題。美國郵政總局30年來首次暫停服務，掃雪機也跟不上降雪累積的速度。機場全面關閉，公車停止營運，車輛在大雪覆蓋的公路上拋錨，還有幾千戶人家將近一週無電可用。

這場雪暴過後，科學家開始試著解釋這場大規模的降雪究竟是什麼天氣條件造成的。他們斷定，發生大雪災有兩個主要原因。

第一是聖嬰現象。有一種氣候模式叫「聖嬰南方震盪」，聖嬰現象就是當中的一

來自英國沃靈頓的學生在大雪災期間造訪華盛頓特區，開心地打起雪仗。

大雪災類型的天氣事件還有其他綽號，包括「雪末日」和「雪吉拉」。

最上：大雪災期間，一位婦女在美國國會大廈前遛狗。

上：2010年2月6日，美國馬里蘭州的銀泉市，一個男子把自己的車子從雪中挖出來。

個階段，特徵是南美洲外海的太平洋赤道區域海面溫度特別高。這會使周圍空氣升溫，上升之後在赤道區域凝結成雨雲，進而導致噴流改變，讓全球的風暴發生地點也跟著改變。

　　不過聖嬰現象並不是每次都會在美國東岸造成雪暴。要發生雪暴，氣溫也必須低於平常才行——那正是大雪災成形的第二個關鍵：另一種名叫「北大西洋震盪」的氣候模式，它控制著西風的強度與方向。2009到2010年冬天，北大西洋震盪把北極圈冷冽的風沿著北大西洋吹下來。聖嬰現象的風暴與冷空氣結合在一起，就是怪獸級雪暴的生成條件。

賭你不知道！

許多人認為冷天出門會讓人生病。不過那只是個迷思。讓人生病的是細菌病毒：害你感冒的鼻病毒在春天和秋天最常見，而讓你得流感的流感病毒則是冬天最常見。

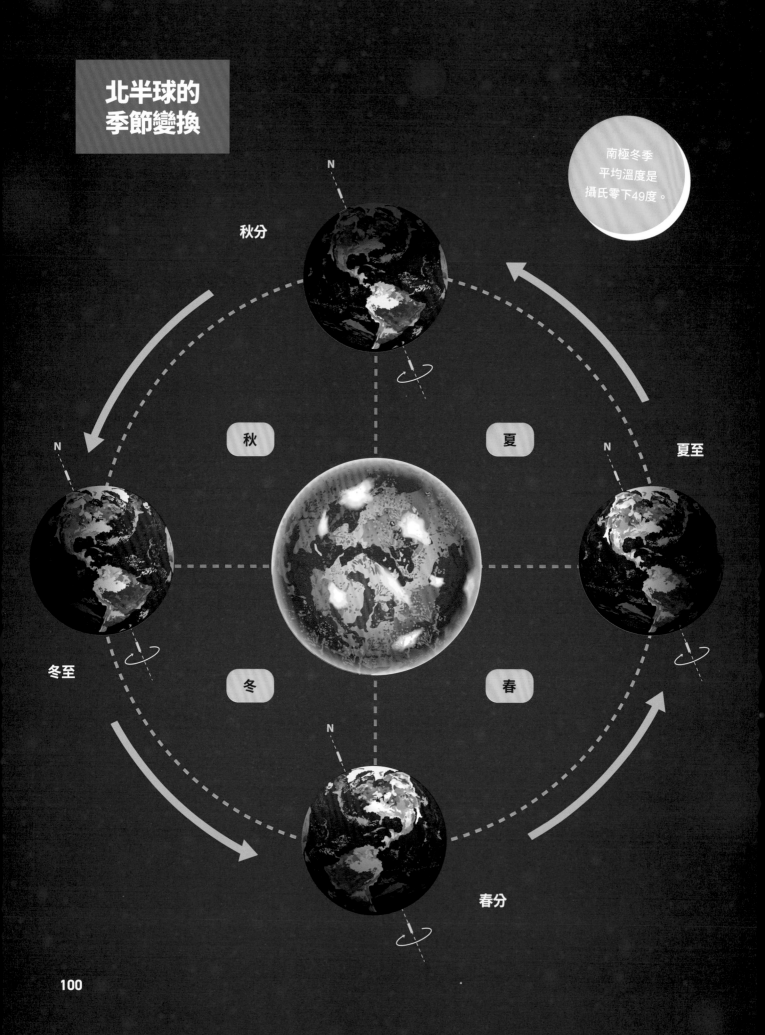

南極冬季
平均溫度是
攝氏零下49度。

秋分

N

秋

夏

夏至

N

冬至

N

冬

春

春分

N

寒冷天氣 如何來？

當夏風漸緩、樹葉開始變色，你可能會在空氣中感受到一絲涼意。經過一季的酷熱後，連攝氏16度也能讓你覺得冷！不過在許多地區，溫度很快就會再降得更低：來到攝氏0度以下，也就是水結冰的溫度。

冬季天氣出現在地球的溫帶地區（詳見第十章）以及極區（詳見第九章）。在南半球，冬天是發生在南極遠離太陽的時候。北半球的居民則是在北極圈遠離太陽時迎接冬季。世界最寒冷的國家全都位於北半球，包括哈薩克、俄羅斯、加拿大、美國、冰島、芬蘭、愛沙尼亞和蒙古。

源自北極的冷空氣必須越過北極圈白雪覆蓋的廣大土地然後繼續往南移動，才能到達北半球的其他區域。但在南半球，南極的冷空氣要抵達南半球國家，跨越的主要是海洋。除此之外，南半球的陸塊本來就比北半球陸塊溫暖，因為它們比較接近赤道，全年接受陽光直接照射。

雖說冬天通常都冷冷的，但有時你踏出門會「哇！」一聲，因為特別冷。原來是寒流！和其他天氣現象一樣，短期的極低溫也是氣團移動造成的。氣團的溫度通常都很溫和，但每年冬天，都會有巨大的北極冷氣團在加拿大北部和西伯利亞上空壯大，溫度有時可低到攝氏零下62度！當這些冷氣團南移時，它們可能會挾帶強風，造成區域溫度急遽下降。該拿出手套和圍巾了！

世界正在暖化嗎？

近年來，世界許多地方都發生了大型降雪及雪暴等天氣現象。若是被埋在好幾十公分厚的積雪中，你可能會好奇：地球真的在暖化嗎？科學家說：是的！發生在特定區域的寒流只是一種短期的天氣現象。但綜觀全球模式時，重要的卻是氣候——也就是長期的平均天氣。近幾十年是自公元1000年以來最溫暖的時期，而史上最熱的六年都是出現在 2010 年之後。所以短期的低溫就算是破了低溫紀錄，也無法動搖全球暖化的科學證據。

冬季仙境

漫天雪花輕輕飄落，樹木閃閃發光。一團白色冰晶落在你的手套上，你可以看見每片雪花六邊形的美麗形狀。

當水蒸氣在高空的雲層中冷卻成小水滴，就會開始形成冰晶。兩個氫原子與一個氧原子結合就會形成水分子（H_2O）。當雲挾帶著這些小水滴上升到大氣更冷的區域，或者冷空氣進入使得溫度下降，雲中的水滴就有機會結成冰。

雲體一定要夠低溫才能形成冰晶——至少要攝氏零下10度左右。只要低於這個溫度，冰晶就可以聚集形成雪花。一片雪花中最少有兩個冰晶，最多則可達200個。當水分子裡面的氫原子和氧原子結凍時，會在幾乎每一片雪花中形成六個分支。除了這個共同點，雪花的外型與大小可說是五花八門。由於可能的模式太多，所以要找到兩片一模一樣的難如登天（但跟普遍認知不同的是，雖然機率極低，但這確實是有可能的！）

雲的溫度夠低就可以形成雪花。但要以雪花的姿態落地，就必須它經過的整個路徑都在冰點以下才行。平均來說，一片雪花從雲底墜落地面大約需要一個小時。相較之下，雨滴只要三分鐘！

形形色色的雪花

雪落在你身上，有時感覺柔軟又蓬鬆，有時卻又讓你的皮膚一陣刺痛。這一切都與雪花的形狀有關。科學家目前已經歸類出100多種不同的雪花形狀！它們可分成四個主要類型。

片狀

這是最常見的雪花類型，輕而薄，呈六邊形，形成情況有兩種：溫度剛好低於冰點或是低於攝氏零下15度。

柱狀

這種精緻的雪花不適合做雪球，因為它們呈柱形，比較不容易結合在一起。

針狀

這種細長的雪花生成於中等溼度的環境中，可以緊緊黏在一起，所以最適合滑雪或做雪球。

枝狀

這種精緻美麗的雪花需要高溼度環境才能生成。由於空氣很溼，水蒸氣可以快速凝結，形成複雜的枝狀結構。這種雪花能困住空氣，是最蓬鬆的降雪。

一個底面積0.2平方公尺、高25公分的雪塊中大約含有100萬片雪花。

破紀錄 地表最冷的地方

你可曾經歷過那種真正冷到爆的天氣——連眼睫毛都開始結冰，吸入的空氣則讓你的肺像被刀割一樣？如果有，那麼你可能會想：地球究竟可以冷到什麼程度？

上：東南極大陸冰層（南極洲最大冰層）的風創造出一整片移動的冰晶地毯。

下：南極洲費拉爾冰川的衛星影像，長56公里。

2018年6月，南半球的冬天正要開始的時候，科學家找到了答案。之前的史上最低溫紀錄是俄羅斯的沃斯托克站在南極附近測得的，為攝氏零下89.2度。這麼低溫的空氣人類只要吸超過幾口，肺部的血管就會爆裂。事實上，當時測量溫度的科學家必須戴著特殊面罩，給呼吸的空氣加溫，才不至於喪命！

那溫度確實很低。不過研究人員認為，地球

俄羅斯研究員在南極的沃斯托克站合影。

上可能還有更寒冷的地方。沃斯托克站位於東南極大陸冰層上，冰層略呈圓頂形，中央比四周高。沃斯托克站的位置接近頂端但還沒到頂端，因此科學家認為，冰層頂端有可能更冷。只是那裡並沒有氣象觀測站，所以他們使用衛星，衛星從高空飛越南極時測量地表溫度。

科學家檢視過去幾年的衛星測量資料，結果確實發現了一筆打破沃斯托克站低溫紀錄的溫度資料：令人瞠目結舌的攝氏零下97.8度！這是地球有史以來記錄到的最低溫，科學家甚至認為冷到這種程度，簡直就像外星環境。

要產生這麼低的溫度，需要一組非常特殊的條件。必須是在冬季，也就是南極的永夜。空氣必須完全靜止，天空則必須完全清澈、萬里無雲。這是因為連冰這麼冷的物體也一樣會釋放些微的熱能——這些熱能一般會被大氣中的水蒸氣吸收，再反射回地表，把熱能留在地表附近。但如果天氣完全乾燥、空中無雲，那麼冰層釋放的微小熱能就會一路暢行無阻地逸散到太空。這種乾燥的條件不只適合造就破紀錄的低溫，也適合觀看外太空。正因如此，就在地表最冷地點被找出來了之後，另一隊科學家就在附近架設了一座望遠鏡！

賭你不知道！

世界上長期有人類定居的最寒冷地點是俄羅斯西伯利亞的奧伊米亞康村，那裡在1933年測到攝氏零下67.7度的低溫。真的有夠冷！

奇妙的
氣象

寒冷天氣
如何保存
木乃伊？

冰人奧茨的木乃伊在義大利
波札諾的南蒂羅爾考古博物
館展出。

賭你
不知道！

奧茨有61處紋身。因為這些紋身的位置與今日的針灸
穴位不謀而合——包括腳踝、手腕、膝蓋和下背部
等，所以有些科學家認為，這些紋身可能是早期治療
疼痛的方法。

106

1991年，兩個登山客在探索奧地利與義大利交界處的阿爾卑斯山時，偶然發現了一個令人震驚的東西：一具從冰層中露出來的屍體。他們一開始以為那是個迷路的現代登山客，但考古學家檢查這具屍體之後發現，他其實已經在那裡躺了好長一段時間了——科學定年法測定，他是5300年前死的！

這具史前遺體被取了個綽號叫冰人奧茨。由於實在保存得太好，科學家可以看到他皮膚上的刺青、他隨身攜帶的工具，甚至猜出他死前的最後一餐吃了些什麼！

當奧茨5000多年前在阿爾卑斯山上倒地時，他的屍體正好落在一個小小的凹陷處，周圍有大岩石圍繞。專家認為這個空間很可能立刻就被大雪覆蓋，把屍體與他的隨身物品完全掩埋。所以奧茨沒有被盜賊發現，把他的食物和武器偷走。也沒有被捕食者找到，屍體才得以保持完好。

但就算沒被飢餓的動物發現，屍體通常在死亡後幾分鐘就會開始腐敗。組織與器官會開始分解，最早的就是肝臟與大腦。當細胞死亡時，體內和身上的細菌就會開始消化它們。腐敗的組織會散發惡臭，吸引昆蟲前來大快朵頤一番。

不過若是和奧茨一樣，死在極度寒冷的環境中，腐敗的過程就會中斷。細胞會凍結，凍結了就不會腐壞。細菌和昆蟲也無法在極度低溫中生存，所以也無法分解屍體。這種狀況很罕見，不過若是跟奧茨一樣，一直維持在冰凍狀態，那麼屍體就能完好地保存好幾千年。

對科學家而言，發現奧茨就像遇到搭時光機來到現代的史前人類。他們分析奧茨的隨身工具，包括一把銅斧、一把匕首和兩個箭頭。他們還發現奧茨帶著一個原始的醫藥包，裡面裝有樺滴孔菌，是天然的殺菌劑與消炎藥。而且他們發現，奧茨死前可能正在逃命：他手上有很深的割痕，肩上有一個箭頭，後腦杓還遭受了致命的一擊。

雖然已經分析了幾十年，但冰人奧茨還是不斷給科學家帶來新的發現：研究員最近指出，奧茨至今還有至少19個親戚生活在奧地利！

一座奧茨的紀念碑立在阿爾卑斯山上的地森喬奇隘口，距離發現奧茨的地點不遠。

冷凍泡泡

試試看！

想享受吹泡泡
的樂趣，不必
等到放暑假！
下次遇到風不大的超級冷天時
（低於攝氏０度），可以穿暖
一點、跟大人報備一下，帶著
泡泡水到屋外去。吹出一個泡
泡，讓它停在你的泡泡桿上。
你覺得要多久泡泡才會結凍
呢？如果向空中吹泡泡又會怎
樣？要多久空中的泡泡才會結
凍？仔細觀察結凍的泡泡
上面的圖案。用手觸
碰結凍的泡泡又會
怎麼樣？

日本北海道的這場暴風雪，
大幅降低了路上的能見度。

暴風雪

遮天蔽日的大雪。陣陣強風。結冰的車輛和房屋。這可是一場猛烈的雪暴——是一場暴風雪！

人經常會用「暴風雪」來形容任何一場大型的冬季風暴。不過事實上，暴風雪是一種特定的風暴，需要有大量的降雪，且風速必須超過每小時56公里，同時能見度還必須連續三小時低於0.4公里，才能算是一場道地的暴風雪。

暴風雪多生成於強勁風暴系統的西北方。風暴中心的氣壓比西邊的氣壓低，製造出巨大的氣壓差。這會導致極度強勁的風，吹動落下的雪花，並把累積在地面的雪吹成巨大的雪堆。大型雪堆可以讓汽車和火車滅頂，或是把人困在家中。

暴風雪（blizzard）這個詞源自美國中部，最早是出現在1870年代美國愛荷華州的一份報紙中，用來描述一場嚴重的雪暴。在美國，暴風雪好發於大平原區與上中西部，有時候中西部的暴風雪還會挾帶攝氏零下51.1度的超低溫強風！不過世界各地會下大雪的地方都有可能發生暴風雪，所以如果當地氣象局發出暴風雪警訊，一定要準備好你的雪鏟！

湖泊效應

美國紐約州的水牛城坐落在伊利湖東側。當地的「湖泊效應」降雪相當出名，一場雪暴就能降下超過102公分厚的雪。事實上，2010年水牛城就下了這麼多的雪……但只下在南半部！到了大約16公里外的水牛城北半部，就幾乎沒有下雪。

當寒冷的加拿大空氣向東移動、跨越伊利湖時，會順道帶走湖面溫暖潮溼的空氣。在那道移動的狹窄雲帶中，水氣會冷卻形成冰晶。那些水分通常走不遠：雲一飄到陸地上空，就會在小小的區域內降下大雪。除非湖泊結凍，否則湖會持續供應暖溼空氣。

雪之所以是白色，原因在於雪花裡都是冰晶，會反射（也就是彈回）入射的光線。

2014年，一場大型雪暴襲擊紐約州的水牛城，工人正在清掃建築物前的積雪。

冰暴

一個月黑風高的晚上，你聽著敲打在屋頂上的雨聲入睡。隔天早上起床，竟發現窗外有如電影場景。樹木彎到了地面，還結著一層冰。你家信箱整個被厚冰凍住，打不開。人行道則變成了你所看過最狹窄的溜冰場。這是一場冰暴，是大自然最美麗——也最危險——的天氣現象之一。

冰暴是凍雨造成的。凍雨在較溫暖的空氣層生成，原本是液態，但快要落地前卻經過薄薄一層溫度低於冰點的空氣。雨滴的溫度急速下降，所以當它碰到地面、樹木、汽車或任何物體表面時，就會瞬間結冰。

凍雨繼續下，物體上的冰就會層層累積，形成雨淞。雨淞會讓所有的表面都閃閃發亮，但也相當危險。冰只要達到1.3公分，就會給電纜增加226公斤的重量，讓纜線垂得很低，造成危險。電纜一旦斷裂，原本就已經在奮力對抗寒冷的住戶與商家，還會再遇上停電、無暖氣的問題。雨淞也會增加樹枝的重量，有時可能增加到原本的30倍，讓樹枝斷裂墜落。就算只有一點點冰，也可能讓人行道、路面和橋面變得非常滑，對車輛和行人來說非常危險。

世紀冰暴

1998 年 1 月，有個熱帶風暴在德州附近把暖空氣北送，同時寒冷的北極空氣則往南移。兩個氣團在五大湖區附近相遇，為新英格蘭地區和拿大帶來一個禮拜的冰暴，也就是後來所謂的「1998 年北美冰暴」。凍雨一直下在低溫的物體表面，結出一層至少 7.5 公分厚的冰，重到讓樹木和電線杆都不支倒地。數以百萬計的住家、農場和商辦有好幾星期都沒有電和暖氣可用。有近千人受傷，大約 40 人死亡，經濟損失更超過 30 億美元。

科學家模擬冰暴，希望可以預測未來發生的地點與頻率。

賭你不知道！

因紐皮雅特人對海冰有超過100種稱呼，因為在他們位於阿拉斯加的家鄉，就有這麼多種不同的海冰。舉例來說，散落的積冰叫「tamalaaniqtuaq」，而漂浮海上的積冰則叫「sigu」。大塊深色的冰叫「taagluk」，而大塊浮冰則叫「puktaaq」。

本頁：凍雨積累在樹枝上形成雨淞，冰的重量可能會弄斷樹枝和電線。

左頁：冰暴也會損壞電線杆，例如魁北克省聖讓河畔黎塞留的這根。

科學家擔心要是古老冰層融化，原本困在冰層中的微生物會被釋放出來，造成疾病大流行。

一隻大象漫步於東非平原上，背景是白雪覆蓋的吉力馬札羅山。

古代冰層

透過長年封存於冰層中的一小粒砂塵、一小顆氣泡，我們可以得知地球古代的歷史。要從地球已知最古老的冰層（大約形成於270萬年前！）中取得樣本，南極的科學家鑽進冰層深處取出一個樣本，稱作冰芯。

不過地球的冰層並不是只有保存歷史記憶而已——它還攸關全球生物的生存。地球上69%的淡水都貯存在極區的冰冠和冰川中（剩下的在淡水湖、河流、小溪及地下水體中）。冰川是在陸地上緩慢移動的大型冰塊，今日冰川覆蓋了地球大約10%的面積。而在大約1萬8000年前，冰川覆蓋了全球三分之一的面積，包括北美洲和歐洲的大部分地區。冰川移動時會大幅改變地貌，犁平森林、山丘和山腰，還會刻出深谷，例如今日的黃石國家公園。

一般來說，冰川在冬季會變大：當雪落下來，會壓迫底下的冰層，緩緩形成一個厚實的冰塊。到了夏天，冰川會有部分融化，灌注河流與小溪，供人類和動植物使用。不過由於氣候變遷導致暖化，現在全世界的冰川都以前所未見的速度融化。

雖然冰冠和冰川中大部分的水都處於結凍狀態，但它們對地球的天氣還是有巨大的影響。冰層呈明亮的白色，能把太陽的熱反射回去，所以會影響全球的天氣模式。此外，大量的冰也會使氣溫下降，並且催生出劇烈的風。

賭你不知道！

還有一種冰叫永凍層，也就是連續兩年以上都維持在結凍狀態的土地。它由岩石、土壤和其他粒子構成，靠冰結合在一起。地球上有些永凍層已經有幾十萬年不曾解凍，厚度可達1000公尺。和冰川一樣，現在許多地方的永凍層也在融化當中。而永凍層解凍時會釋出二氧化碳和甲烷——這些都是溫室氣體，會讓地球變得更暖。

寒冷的冰圈

覆蓋地表不同區域的冰層統稱冰圈。

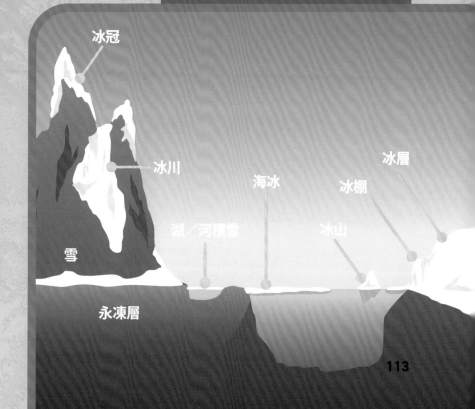

冰冠　冰川　海冰　冰層　冰棚　湖/河積雪　冰山　雪　永凍層

第七章
熱帶地區
的生態

熱帶是個超級熱、超級溼、超級多雨的地方。同時它也是地球上生物數量和種類最多的地方。在潮溼、未經開墾的雨林中，植物爭相延展枝葉，奮力爭取穿透濃密林冠層的任何一絲陽光。這裡的動物更是五花八門，從耀眼的大藍閃蝶到多彩的變色龍都有。也有許多人類定居在熱帶區域：世界人口有大約三分之一生活在這片溫暖潮溼的土地上。

蘇門答臘紅毛猩猩坐在印尼蘇門答臘列尤擇山國家公園的一片林中空地上。

熱帶地區位於赤道兩側，在北緯23.5度到南緯23.5度之間。

南美洲的內格羅河上，一位女性在雨中划槳。

熱帶氣候

熱帶雨林位於赤道附近，也就是地球最受陽光直接照射的地方，因此氣候全年溫暖，平均溫度介於攝氏25到28度之間。

熱帶地區也以多雨聞名。因為溫度高，水蒸氣（尤其是附近的溫暖海水）會大量上升到空中。空氣中有這麼多水分，會讓氣候非常潮溼，這也表示會有很多的雨。有些地區，例如南美洲亞馬遜盆地的某些區域，每年都會降下將近4公尺的雨。

還有些熱帶區域，天氣基本上每天都一樣，就是白天很熱、晚上溫暖、幾乎每天都有雨。另外還有些地區一年只有兩個季節：乾季和雨季。有半年時間，信風會帶來季節性降雨，叫季風雨，讓地面變成一片水鄉澤國。接著信風會轉向，讓另外半年的時間天氣都很乾燥。

有時會有劇烈旋轉的大型風暴在溫暖的熱帶海面生成。這些熱帶氣旋（又叫颱風或颶風）從溫暖的海水中擷取能量，產生時速高達119公里的強風，比高速公路上的車速還快！氣旋登陸時，可能會對沿海聚落造成極大的傷害。

感受那份熱

熱帶雨林是對抗氣候變遷的一個主力，因為濃密的雨林植物能吸收空氣中的二氧化碳，把它從大氣中抽出來、貯存在葉子、莖和樹幹中。

不過最近的研究顯示，由於大面積的雨林遭到砍伐，現在這個效應已經反轉：雨林不再吸收二氧化碳，而是釋放更多二氧化碳。科學家估計，現在雨林每年大約釋放 3 億 8550 萬公噸的二氧化碳，比全美車輛總排放量還要多。但好消息是，這個狀問題是可以逆轉的。只要各國共同限制森林砍伐，雨林就能再次幫地球吸收二氧化碳。

亞馬遜迷蹤

尤奚·金伯格22歲的時候，非常嚮往造訪雨林。1981年，這名以色列籍的探險家在玻利維亞的拉巴斯旅行，遇到一個奧地利男子，宣稱自己是專業嚮導。他告訴金伯格說他計畫進行一趟遠征，到一個偏遠村落尋找黃金。當時的尤奚根本沒料到，他不只找不到寶藏，還會差點死在雨林裡。

金伯格即將踏入的是地球上最極端的氣候區之一。亞馬遜雨林很熱，溫度可達攝氏33度，溼度將近100%。每年都會降下豪雨，給某些區域帶來大量降水，造成大洪水。

金伯格和另外兩位年輕旅行家跟著這位嚮導一起踏進了這片野性叢林。但才走兩週，他們稀少的米飯和豆類糧食就快吃光了。連日長時間徒步又沒東西吃，隊員關係開始緊張。最後他們決定分道揚鑣：金伯格和一個年輕的美國攝影師打算建一艘木筏，沿貝尼河順流而下。嚮導和另外那位旅伴則決定繼續徒步。這兩人從此音訊全無。

金伯格與同行的攝影師幾乎馬上就遇到災難：河水把他們的木筏甩向一塊岩石，攝

影師落水游回岸上，但金伯格卻被困在木筏的殘骸上。在激流中隨波逐流了20分鐘後，他終於被沖上岸。當下他沒有食物，也完全不知道該如何回到文明世界。

金伯格只能日復一日、日復一日地在叢林中跋涉。潮溼的林地浸潤著他的雙腳，加上不停走路，他的腳都磨破了皮而且受到感染。他採集水果和叢林雞的蛋，但他還是開始因飢餓而漸漸消殞。有一次，他睜開眼睛竟發現有一隻黑豹在盯著他看，一副準備撲過來的姿態。還有一次，他差點死在一場暴洪中——這在雨林的雨季期間相當常見。

在潮溼悶熱的環境中奮鬥了20天後，奇蹟發生了。金伯格發現一艘船，船上正是幾週前被沖下木筏的美國同伴。這個美國人找到了一個聚落，並且請了一位當地人回來幫忙尋找金伯格。就在放棄搜救的前一刻，他們看見了金伯格——蓬頭垢面，瘦了16公斤，幾乎認不出來。

金伯格很好運。他曾與亞馬遜的高溫、悶熱、極端地形和危險生物奮戰——而且活了下來，得以訴說他的故事。

左頁：尤奚．金伯格展開旅程之前的照片

最上：尤奚（右）與友人在旅程結束後合影

上：尤奚被找到的時候

熱帶居民

雨林讓許多冒險者丟了性命，不過也有人幾千年以來一直生活在這種氣候區。人類究竟如何在悶熱潮溼的熱帶環境中生存？

溫暖加上潮溼，能讓許多動植物欣欣向榮。但這並不表示雨林是個人類可以輕鬆生活的地方。由於植物生長太快，把土壤中的養分吸收殆盡，而那些成功滲入土壤的少量養分也會因為持續降雨而流失。因此在雨林中耕種相當困難。

以雨林為家的人，例如圖中的原住民雅諾瑪米人，自古以來就是集獵者。他們會採集當季的堅果和水果，也會吃昆蟲、獵野豬之類的野生動物。為了取得生存所需的食物，他們必須穿越濃密的植被，避開雨林中的諸多危險動植物，包括具攻擊性的巴西流浪蜘蛛和致命的凹紋頭毒蛇等。這麼悶熱潮溼的氣候影響了當地人搭建房屋的方式、飲食習慣——甚至是身體的運作機能！

驚人的適應力

人類生活在雨林裡的時間有超過 2 萬年。這段時間裡，居民已經一代代逐漸改變來適應環境。許多雨林原住民的個頭都很小。專家認為，體型嬌小對他們而言有一些好處：需要的食物比較少，有利他們在食物稀少的地方生存。另外產生的熱量也比較少，身體比較不會因為炎熱的環境而過熱。身材嬌小也會比較敏捷，有利於攀爬樹木或在濃密的叢林中移動。

吊床是中南美洲人發明的，目的是讓人不必接觸地面，同時躲開溼熱叢林中常見的蛇及蜘蛛。

卡雅波人是巴西的原住民族之一，分布於欣古河及其支流一帶。

以熱帶為家

**熱帶居民的日常生活
是什麼樣子？**

狩獵技巧

雨林原住民有祖先傳承下來的狩獵訣竅。有些亞馬遜原住民會用吹箭（如圖），箭頭上還沾有暖溼雨林特有的有毒動植物的毒素，例如金色箭毒蛙。一隻這種亮黃色的蛙，身上的毒素就足以毒死十個成年男性！

永續耕作

雖然雨林居民以狩獵採集為主，不過許多熱帶原住民還是會自行種植自己的食物，例如香蕉和稻米。要在雨林的貧瘠土壤上耕作相當困難，所以當地居民採取一種稱作「游耕」的耕作模式：選一塊地，整地耕種，然後每隔幾年就換另一塊地耕作。這種永續的耕作模式有助雨林重生。

木筏上的房屋

每年亞馬遜河都會因為降雨而氾濫，淹沒將近 25
萬平方公里的雨林。因此當地許多房屋（例如圖
中位於巴西的這棟）都直接建在木筏上，以因應
不斷變化的亞馬遜河水位。

醫用植物

熱帶居民幾千年來都是用雨林植物來治療傷口和疾病。如
今，有科學家正在吸取部落治療師的知識，以協助他們尋找
能用來開發新藥的物質。現在已經有一些萃取自雨林植物的
瘧疾藥和癌症藥物。

河流就是道路

因為濃密的叢林走起來很辛苦，
許多熱帶居民都靠河流來進行長
距離移動。熱帶地區的原住民自
古就會刨空樹幹製作獨木舟，如
上圖所示。

熱帶地區潮溼的氣候最適合蚊子大量繁衍。為了避免蚊子傳
染的疾病（例如瘧疾），巴西原住民薩得里瑪威人會忍痛承
受子彈蟻的叮咬，以獲得蚊子傳染病的天然抗體。

熱帶動植物

雨林擁有幾乎持續不斷的水源供給，因此生物得以欣欣向榮：熱帶地區是地球上動植物種類最多的地方。有些估計值顯示，熱帶雨林中有多達3000萬種動植物——超過世界總物種數的一半！

由於林冠層高聳濃密，能夠照射到地面的陽光很少。不過雨林植物也已發展出因應之道，在不停下雨、陽光競爭激烈的環境中存活。許多植物都有名叫「滴水葉尖」的長形葉子，有助雨水滑落而不是累積在葉面上，因為積水處會滋養真菌和細菌。有些植物（例如攀繞植物）會藉助其他大樹，沿著樹幹一路爬到林冠層。還有些植物是附生植物，完全不扎根於土中，而是直接長在樹幹和樹枝上，例如蘭花、某些蕨類和它們的親戚，光是從空氣和雨水中就能獲得所需的全部養分。

這些植物為各種雨林動物提供了遮蔽和食物，從地上爬的昆蟲到樹上盪的猴子都有。由於有太多動物要在這裡生存，牠們彼此競爭，許多物種已經變成了狹適應型生物，也就是說牠們只能在某個特定區域生活。例如，婆羅洲猩猩只生活在東南亞的婆羅洲島，而且只生活在低地森林中，極少跑到海拔超過500公尺的地方。

雨林的分層

從最高的樹頂到黑暗的林床，雨林分成不同的「層」，每一層都有自己特有的動植物。最頂部稱為突出層，參天巨木直指天際——之所以要長這麼高，就是為了爭奪陽光。由於雨量充足，這些樹長得鬱鬱蔥蔥、葉子厚實飽滿。老鷹、猴子、蝙蝠和蝴蝶生活在這層。往下一層叫林冠層，它常被稱作雨林的「屋頂」，因為它創造了綠蔭，也為許多生物遮風擋雨。以這層為家的動物很多，包括蛇、巨嘴鳥和樹蛙。再往下叫下層植物，由於能夠穿透上層植物到達這層的陽光很少，所以這裡的植物通常都有很大的葉子，努力捕捉陽光。這層住有美洲豹、花豹和樹蛙。最底層則叫林床，基本上沒有植物生長，因為幾乎沒有陽光能夠照到這裡。另外由於這裡的環境高溫潮溼，掉落到這層的物體會腐敗得很快。在一般氣候下需要一年才能分解殆盡的落葉，在這裡只要六週就可以消失無蹤！

突出層

林冠層

林下植物

林床

雨林也協助創造全球的
天氣模式。從雨林蒸發
的水氣會在別處以雨水
的形式降下。

**賭你
不知道！**

蘭花螳螂長得就像一朵蘭花，只能生活在東南亞雨林中
的蘭花附近。牠會蹲在那裡，完美地假裝成一朵花，等
待哪隻粗心的昆蟲過來吃花蜜，然後就——啪！

有些蛾就住在
樹懶的毛髮中。

巴拿馬甘博亞一場大雨過
後，一隻三趾樹懶被淋得
全身溼透。

雨中倒吊者：
三趾樹懶

什麼東西是咖啡色、毛毛的，還全身泛綠？是樹懶！雖然三趾樹懶長長的毛是棕色，不過因為的行動太過緩慢，有充足的時間在背上及手臂上長出一層綠色的真菌和藻類。雨林氣候非常適合藻類生長：有超過80種不同的藻類可以長在樹懶身上。這層活生生的藻類可以為樹懶提供保護色，讓樹懶在中南美洲翠綠的雨林中不容易被發現。

樹懶多雨的家園讓牠的毛髮有了另一個奇怪的特徵：倒著長！樹懶的毛髮從肚子中央分線，向上朝背部生長。連牠臉上的毛髮也是朝上的！這跟其他所有的哺乳類動物都相反。原因在於樹懶大部分時間都倒吊著，毛髮長成這樣，有助雨水順利從牠們身上滑落。

樹懶是哺乳動物中行動最緩慢的。但牠們不是懶惰：這種慢步調的生活是因為牠們吃的樹葉很少，而且牠們代謝速度緩慢。樹懶有個很大的胃，分成四個腔室（跟牛一樣），會利用體內細菌消化樹葉。樹懶要消化掉一片樹葉，可以花上好幾個禮拜！

樹懶大部分時間都住在樹上，因為林床對牠們來說太危險：在地面上，樹懶孱弱的後肢幾乎沒辦法提供前進的動力，而前肢的爪子又太長，讓行走相當困難。若要前進，樹懶必須先把前爪插入地面，再拖著身體在林床上爬行。這會讓牠們成為美洲豹、大型猛禽和蛇的獵物。但若是在樹上，樹懶的長滿藻類的毛皮和緩慢的行動就會讓飢餓的捕食者幾乎察覺不到牠們的存在。難怪有些樹懶會在雨林中的同一棵樹上待好幾年！

科：	樹獺科（Bradypodidae）
其他俗名：	三指樹懶
屬：	三趾樹懶屬（*Bradypus*）
身長：	40－69公分
食物：	樹葉
社交習慣：	獨居，除非是帶著幼兒的母親
棲地：	林冠層
分布範圍：	中南美洲

賭你不知道！

樹懶是游泳健將。事實上，牠們在水中移動的速度比在地面上或樹上快很多！需要渡過河流前往叢林其他地方覓食時，樹懶就會游泳。而且當牠們生活的雨林發生季節性氾濫時，這些游泳技能就攸關生死了。

不能沒遮蔽：大藍閃蝶

咕嚕、咕嚕、咕嚕，一隻大藍閃蝶正在吃一塊腐爛的水果。還是毛毛蟲的時候，大藍閃蝶擁有顎部，可以用來咀嚼。不過現在既然已經完全變態成了蝴蝶，牠就只能使用牠的個人吸管——吻管。大藍閃蝶可以用觸角和腳上的受器「聞」到水果、樹汁、菌類和其他美味食物的氣味。想像你每天早上把腳伸進冰箱來決定早餐要吃什麼！

這種鮮豔藍蝴蝶的顏色有助牠們完美隱身於雨林中。當牠們在陽光下飛翔於林冠之上時，藍色的翅膀剛好與藍天同色。但當牠們飛下來林床覓食、交配或休息時，牠們就會闔上翅膀然後……消失。大藍閃蝶的翅膀只有上面是藍色，底下這面是棕色的，帶有像眼睛的斑點。這種偽裝能讓牠們在陰暗的林床有完美的保護色，而像眼睛的斑點則是種陰險的小把戲，可以嚇退潛在的捕食者。

蝴蝶要是又溼又冷就無法飛行。所以下雨的時候（雨林很常下雨！），牠們就會躲在樹葉底下，以免被自己七分之一體重的雨滴擊中（聽起來好像不多，不過那就像一個41公斤重的孩童被一顆保齡球重擊！）。在雨林頻繁的陣雨之間，大藍閃蝶就會忙起來，在林冠層飛來飛去，尋找食物或伴侶。

科：	蛺蝶科（Nymphalidae）
屬：	閃蝶屬（*Morpho*）
身長：	翼展76－200公釐
食物：	成蝶吃腐敗水果
社交習慣：	群居
棲地：	雨林
活動範圍：	墨西哥與中南美洲

賭你不知道！
大藍閃蝶的眼睛對紫外線（人類肉眼無法察覺的光線）非常敏感。若用特殊的紫外線攝影機觀察，大藍閃蝶的翅膀就會有隱藏的圖案閃現。專家認為，大藍閃蝶可能是用這些隱形的記號作為彼此溝通的密碼，不會被捕食者發現。

下過雨後，蝴蝶必須在陽光下晒乾並暖和身體，才能再次飛行。

世界上有將近
三分之二的變色龍
種類都生活在馬達加
斯加！

一隻正在晒太陽的
國王變色龍。

最愛日光浴：
國王變色龍

對人類來說，潮溼炎熱的雨林一點也不舒適。不過對變色龍來說，這桑拿似的環境倒是剛剛好。事實上，因為爬蟲類是冷血動物，所以牠們只會出現在溫帶和熱帶區域。國王變色龍是世界最大的變色龍，生活在非洲的馬達加斯加島，當地雨林的年雨量多達3810毫米。

和所有爬蟲類一樣，變色龍也是冷血動物，也就是說牠們無法調節自身體溫，必須靠太陽的熱來暖和身子。變色龍改變膚色的驚人能力也有助牠們調節體溫：當變色龍覺得冷時，就會加深膚色，以便吸收更多陽光的熱來取暖。而要是覺得太熱，牠就會讓體色變淡，把熱能從身上反射出去。變色龍也會靠變色能力來隱身或跟其他變色龍溝通。雄性變色龍可能會變成深紫色來嚇唬其他雄性，或變成明亮的藍色、橘色、紅色或黃色，加上閃亮的條紋和斑點，吸引異性的注意。

變色龍非常適合生活在濃密的雨林中。牠們有鉗子般的手腳，可以緊緊抓住樹枝。牠們長長的舌頭可以捕捉甲蟲、螳螂、蛾和其他任何抓得到的東西。牠們的眼睛可以旋轉將近180度，而且兩隻眼睛可以同時朝不同方向轉，因此變色龍幾乎沒有視覺死角——找尋昆蟲點心時真的很方便。當變色龍的其中一隻眼睛發現可能的晚餐時，另一隻眼睛就會跟進、鎖定目標，然後彈出具有黏性的長舌頭捕捉獵物。唏哩呼嚕！

科：	避役科（Chamaeleonidae）
學名：	*Calumma parsonii*
體型：	47－68公分
食物：	昆蟲
社交習慣：	獨居
棲地：	雨林
活動範圍：	馬達加斯加

賭你不知道！

高冠變色龍是一種大型變色龍，出沒於葉門和沙烏地阿拉伯水資源稀少的山區。雄性與雌性的體型差很多，雄型比較大隻，但兩者頭上都有一個裝飾性的突起物，看起來像一頂帽子，叫做「盔突」。盔突具有集水的功能：到了晚上，水氣會凝結在盔突上，然後滑進變色龍張開的嘴裡！

下雨天
動物 都怎麼辦？

當天空的水龍頭打開，路上行人都紛紛撐起雨傘或穿上雨衣。不過動物都怎麼度過狂風暴雨呢？

有些動物下雨時會找尋遮蔽。花豹可能會找個洞穴或躲在倒下的樹幹底下。猴子則可能會爬進樹洞中等雨停。

說到避雨，體型真的有差。體型小有時是個大優勢：人類很難在樹下躲雨，但小型生物（例如青蛙和鳥類）就可以在樹下、葉子底下或茂密的枝葉中躲避風雨，保持乾爽安全。蝴蝶之類的飛蟲在雨中完全無法飛行，所以牠們會躲在樹葉底下等待風雨過去，等到天氣恢復炎熱晴朗才飛出來。

所有動物中，靈長類的避雨策略可說是最令人刮目相看的。下雨時，牠們會摘下大片樹葉，像帽子一樣戴在頭上或像傘一樣撐在頭頂。嗯哼……你覺得猩猩媽媽也會逼小猩猩穿上樹葉雨鞋嗎？

印尼這隻年輕的紅毛猩猩用大片樹葉做了一把雨傘。

滑行的蛇

和變色龍與其他爬蟲類一樣，蛇也很適合雨林的溫暖氣候。由於沒有寒冷的冬季，這些冷血動物全年都可以保持活躍。而且在生機盎然的雨林裡，蛇有非常多樣的獵物可以選擇。有些蛇有毒，只要迅速咬一口就能麻痺或殺死獵物。也有些蛇是用身體纏繞獵物，讓牠窒息而死。

天堂金花蛇

蛇不能飛……吧？天堂金花蛇會爬上很高的樹，從上面追蹤獵物，例如蜥蜴和蝙蝠。牠們會來到最細的樹枝上，然後一個飛撲！牠們會運用自己肌肉發達的身體，滑行長達 100 公尺來尋找獵物，然後同時使用毒牙和纏繞的方式殺死獵物。幸好雨林有很多樹枝可以用來降落。飛蛇來也！

偽珊瑚蛇

有些雨林蛇類根本不危險……牠們只是裝得一副很危險的樣子。無毒的偽珊瑚蛇出沒於南美洲的幾片雨林中，擁有黑、紅、黃三色的條紋，看起來就像真正致命的有毒珊瑚蛇。可能的捕食者一看到這種花紋就會退避三舍，不知道自己遇到了一個冒牌貨。

海島竹葉青蛇

千萬別被海島竹葉青蛇一身亮麗的青藍色給迷惑了。牠雖然很美麗，但卻相當致命。這種捕食者只要咬到獵物就會注入毒液，獵物包括蜥蜴和鳥類等小動物。這種鬼祟的蛇只出現在印尼的幾個海島上。

綠森蚺

森蚺很懂得妥善利用南美洲亞馬遜雨林的豐富資源。綠森蚺是全世界體重最重的蛇，可達 250 公斤！森蚺可以拿下牠們生活範圍內的幾乎任何獵物，不論是野豬還是凱門鱷。牠們多採取偷襲策略，躲在泥巴或淺水中。牠們能感應地面的震動，知道何時有獵物靠近。森蚺會用肌肉發達的身體纏繞獵物，切斷獵物體內的血液輸送——然後整隻吞下去。

林床

雨林中任何落下的物體最後都會掉在那陰暗潮溼的林床上。枯枝落葉會掉落地面，樹上動物的糞便也一樣。聽起來可能有點噁心，但這對那裡的植物來說可是很營養的。

　　悶熱潮溼的雨林是微生物（例如真菌和細菌）的理想生存環境。這些微小的生物會吃掉枯葉和動物排泄物，把它們分解成最基本的成分（例如碳和氮），這個過程叫分解作用。產出的化學物質會滲入土壤，再由植物吸收。接著動物再吃植物，展開一個新的循環。

超級生存家：貒豬

好臭喔！那股麝香味是哪來的？附近一定有一頭貒豬。貒豬又叫麝香豬，是一種跟豬差不多大的哺乳動物，受到驚嚇時會發出尖叫聲，並從臀部腺體分泌出氣味濃厚的液體。貒豬會在樹幹上磨蹭身體，用這種特殊的氣味來標示地盤。

貒豬生活在從中美洲到阿根廷北部的濃密雨林中，氣味有助牠們彼此溝通。也有一些貒豬生活在美國南部的沙漠中。沙漠棲地夜晚溫度很低，貒豬又相當怕冷，所以晚上都會群聚一起，躲在洞穴之類的遮蔽處取暖。

貒豬能夠在許多不同的氣候區生存，因為牠們不挑食：牠們是雜食性動物，也就是幾乎什麼都吃。植物、堅果、水果、昆蟲、蛇和小型哺乳類，全都在牠們的菜單上。沙漠中的貒豬主要吃龍舌蘭類植物和多刺的仙人掌果實。這類植物含水量都很高，讓沙漠貒豬不至於在炎熱的家園變得太口渴。

貒豬會發出許多不同的叫聲，有吠叫聲、哼哼聲、呼嚕聲、嗚嗚聲和咳嗽聲等，因為牠們聽力很好但視力不佳，所以多使用聲音溝通。受到威脅時，牠們會聚集成群，摩擦牙齒，然後往前衝。透過通力合作，牠們可以嚇退比自己體型大的捕食者——連郊狼也不例外。

科：	貒豬科（Tayassuidae）
其他俗名：	麝香豬、臭鼬豬
學名：	*Pecari tajacu*
體型：	身長至多1公尺、體重25公斤
食物：	昆蟲、樹根、水果、植物
社交習慣：	家族群居
棲地：	氾濫草原和雨林
分布範圍：	北中南美洲

賭你不知道！
貒豬的牙齒十分鋒利，所以被西班牙探險家暱稱為「javelina」，也就是西班牙文「長矛」的意思。

貒豬在比較炎熱的夏季月分大多晝伏夜出。

一隻貒豬正大口啃著仙人掌。

賭你
不知道！

不是所有
的鸚鵡都
生活在溫暖氣候區。有些種類
已經適應了寒冷天氣，例如啄
羊鸚鵡就居住在紐西蘭白雪覆
蓋的山中。

無水不歡：
緋紅金剛鸚鵡

鮮紅色、黃色、藍色……一群緋紅金剛鸚鵡飛過天際，彷彿一道絢麗的彩虹。在祕魯雨林的樹頂高處，大家才剛醒來。該去找些堅果、莓果、種子和樹葉來當早餐了。

金剛鸚鵡是世上體型最大的鸚鵡——緋紅金剛鸚鵡從鳥喙到尾羽可達84公分長。牠們擁有強壯的翅膀，飛行時速可達56公里。體型這麼大、顏色還這麼鮮豔，緋紅金剛鸚鵡應該非常顯眼才對。但你應該會很意外，那身鮮豔的色彩竟然可以融入雨林間綠葉、紅橘果實和略帶藍色的陰影中。而且幸好牠們很喜歡水！由於熱帶棲地總是在下雨，野外的金剛鸚鵡一天可以洗上好幾次澡。

緋紅金剛鸚鵡會吃溫暖潮溼雨林裡的諸多水果。很多動物都搶著吃雨林水果，所以金剛鸚鵡為了取得優勢，會吃還沒成熟的水果。未熟的水果裡常含有會讓動物生病的化學物質，但金剛鸚鵡沒有這個問題。金剛鸚鵡會吃很多河床的泥巴，因此專家認為，那泥巴也許可以中和或消除未熟水果中的有害化學物質，讓牠們不會生病。

科：	鸚鵡科（Psittacidae）
學名：	*Ara macao*
體型：	鳥喙到尾羽84公分
食物：	水果、堅果、種子、植物、昆蟲和泥土
社交習慣：	群居，除非是配對築巢
棲地：	雨林
分布範圍：	墨西哥和中南美洲

金剛鸚鵡生性聒噪。想在雨林中找到牠們，只要聽聲音就對了。牠們會以尖叫的方式溝通、宣示地盤，甚至純粹為了好玩。

在雨林之巔：蜘蛛猴

要是你走在雨林間，突然頭頂上有大量樹枝掉下來，那麼附近應該就有蜘蛛猴！因為蜘蛛猴捍衛地盤時素有亂扔東西的習慣，手邊有什麼就扔什麼。

這種靈長類生活在茂密的林冠層，能輕鬆在樹枝間盪來盪去、在很高的樹枝上行走。牠們可以在林冠上移動很長的距離，完全不接觸到地面！蜘蛛猴的尾巴就像另外一隻手，可以用來倒吊在樹枝上，也可以用來摘水果。當牠們伸展四肢加上尾巴時，從底下看上去就像蜘蛛一樣。

猴子很適合熱帶生活，因為多雨代表會有很多果樹，讓牠們有很多東西可以吃。但近幾年來，某些熱帶區域出現特別溼冷的時期，讓這種靈長類難以承受。2005年，哥斯大黎加雨林裡的科學家發現，有異常多的猴子、巨嘴鳥、金剛鸚鵡和樹懶都沒有熬過那一年。由於很多動物通常是躲著等雨停之後才出來活動，所以大雨若是下個不停，動物可能就無法外出覓食，無法取得生存所需的食物。科學家並不確定為什麼會發生這種事，但他們認為這樣的極端天氣可能跟氣候變遷有關。

蜘蛛猴喜歡社交，白天會三十幾隻聚在一起，用尖叫聲和吠叫彼此溝通，一邊在林冠層尋找堅果、水果、樹葉、鳥蛋和蜘蛛。牠們喜歡玩耍和摔角。小蜘蛛猴會緊緊抓著媽媽的背，在雨林間穿梭。有時候，蜘蛛猴寶寶還會用牠小小的尾巴纏住媽媽的尾巴，增加額外的保障！

科：	蜘蛛猴科（Atelidae）
其他俗名：	黑掌蜘蛛猴
學名：	*Ateles geoffroyi*
體型：	身體31－63公分，尾巴64－84公分
食物：	成熟水果、種子、堅果、花
社交習慣：	約30隻成一群
棲地：	熱帶雨林
分布範圍：	墨西哥與中美洲

賭你不知道！

蜘蛛猴跟其他某些雨林動物都是以熱帶水果為主食。牠們會消化果肉，但無法消化種子，因此種子會隨著糞便掉落地面。許多種子必須先經過猴子或其他動物的消化道才能發芽。一旦發芽，動物的糞便就能協助提供雨林土壤因為經常降雨而缺乏的養分。

第八章
沙漠地區的生態

太陽像顆火球一樣從沙丘後方升起。隨著它愈爬愈高，氣溫也跟著升高——而且速度很快。高溫讓地面上方的空氣發出微光。陽光無情地照射著地面，讓所有的水都蒸發殆盡。這裡幾乎沒有任何可以吃喝的東西。不過這片荒蕪的大地上還是有生命存在。人類已經在沙漠中生活了數千年，他們建立暫時的帳棚聚落，等資源用盡後再前往下一個地點。沙漠裡也有許多動物，包括腳很長的駱駝以及一種外殼特殊的小甲蟲。

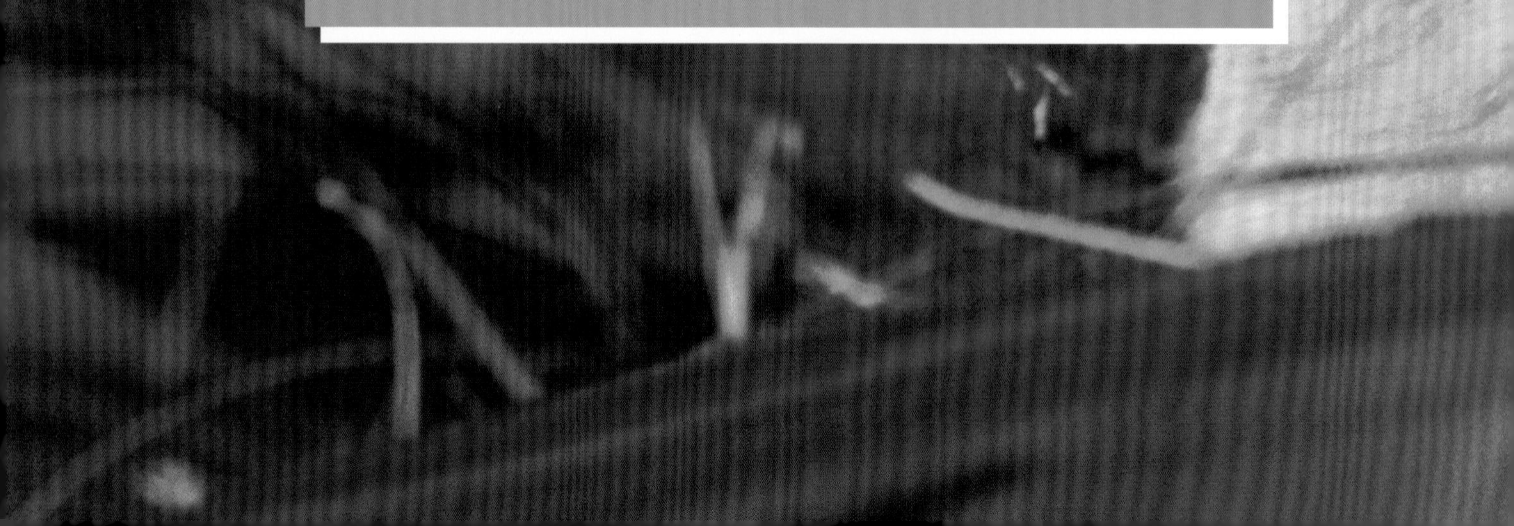

摩洛哥的一隻耳廓狐。

沙漠氣候

地球的每一塊大陸上都有沙漠，且占地球陸地面積的超過五分之一。沙漠的定義是平均年雨量少於250毫米。事實上，沙漠蒸發掉的水量常大於降水量。難怪人會說：「乾得跟沙漠一樣！」

大部分沙漠都位在地球的低緯度區，也就是北緯與南緯30度之間。其中北非的撒哈拉沙漠是全世界最大的熱沙漠，白天氣溫可攀升到到攝氏50度。不過到了夜晚，沙漠會變得非常冷，有些地方甚至會降到冰點以下。

很多人都認為沙漠一定很熱。但你知道嗎？世界上也存在著冷沙漠。冷沙漠分布在溫帶地區的高原上，高原就是高海拔的平坦地區。中亞的戈壁沙漠是世界最冷的沙漠之一，氣溫可以降到攝氏零下40度。

你可能也會覺得，沙漠幾乎無雨，所以應該也不會有風暴。事實並非如此：沙漠中的風暴是旋轉的沙塵雲。當時速超過100公里的乾燥強風颳起高達6100公尺的沙牆，就是沙塵暴。2006年，戈壁沙漠發生一場巨型沙塵暴，颳起30萬公噸的沙子，一路吹送了1600公里，然後撒在中國北京！

乾涸中

世界有些乾燥地區正逐漸變成沙漠，這個過程叫沙漠化。人類在這些乾燥地區定居之後，就清除了原本的植被，種植自己的作物，或把牲畜放在那裡吃草，例如越南平順省的這片田野（上）.就是這個狀況。沒有植被固土，土壤就會鬆動，很容易被風或雨水帶走——這個過程叫侵蝕作用。長時間下來，原本沃土就變成了沙漠。專家認為氣候變遷導致的高溫會加速沙漠化的過程。有些人甚至認為，未來地球可能有四分之一的面積會變成沙漠。

賭你不知道！

南極洲也算是沙漠，因為每年的降雨量和降雪量都很少。除了是最冷的大陸外，南極洲也是最乾燥、風最大的大陸。

145

沙漠迷蹤

馬奧羅‧普羅斯佩里是個專業運動員——曾經是五項全能奧運選手，這五項包括擊劍、游泳、馬術、射擊和越野賽跑。所以1994年，當他聽說有場在撒哈拉沙漠中舉行的耐力賽時，他決定參賽。

「撒哈拉沙漠馬拉松」是一場持續六天、總長250公里的漫長賽事，穿越摩洛哥南部沙漠，常被形容成地表最艱難的比賽。對參賽者來說，這等於是在最高可達攝氏50度的高溫下跑完5.5個馬拉松！而且參賽者必須自行攜帶物資，包括一個禮拜的糧食、蛇咬急救包、折疊小刀、求救信號彈和其他個人物品。參賽者唯一不需要自己帶的就是水，因為沿途設有水站（但跑者還是會隨身攜帶少量的水）。

時至今日，每年參加撒哈拉沙漠馬拉松的人有多達1300個。不過在普羅斯佩里參賽的1994年，選手只有80人。這表示他跑步的時候大部分都是自己一個人。而在第四天，也就是出事的時候，他正是處於這種孤單的情境。

普羅斯佩里經過了四個檢查站，正穿過一個沙丘區，這時風開始變強。被風颳起的沙粒打在他臉上，就像針刺一樣。他突然發現自己身陷一

場猛烈的沙暴！普羅斯佩里轉身背向風，用圍巾包住臉以便呼吸。為了避免被就地掩埋，他只好繼續前進，直到找到一個遮蔽處，蹲下來等待沙暴過去。漫長的八小時後，風終於止息。天已經黑了，所以普羅斯佩里在沙丘上過夜。隔天早上一覺醒來，他才發現問題大了。

周圍的一切都很陌生。他有指南針跟地圖，但卻沒有任何地標可以參考。他爬上一座沙丘，卻發現方圓百里杳無人煙，因此他開始擔心。他身上只剩下半瓶水了。

普羅斯佩里非常小心。白天氣溫最高的時段他都躲起來休息，只在夜晚行進，並且謹慎使用自己的每一滴水。第二天他聽到頭頂有直升機經過，於是向空中發射求救信號彈，可惜直升機駕駛沒看到。

遇難幾日後，普羅斯佩里找到一座神壇。他躲在神壇內等待，期望有人可以發現他插在屋頂的旗子。三天後，他又聽到飛機飛近的聲音。渴望獲救的他甚至把背包給燒了，希望飛行員可以看到燃燒的煙霧。豈料這時竟又來了一場遮天蔽日的沙暴。飛機飛走了。普羅斯佩里一陣恐慌，認為自己必死無疑。為了求生，他決定孤注一擲，離開神壇繼續行進。

普羅斯佩里在沙漠中走了好幾天，捕捉蛇和蜥蜴，殺了生吃。他也從沙漠的多肉植物中擠出汁液來喝。他處於危險的缺水狀態，但他還是持續前進。遇難之後的第八天，他找到了一座沙漠綠洲。正當他趴在水邊喝水時，他在沙地上看見了一枚人的腳印。他心中頓時充滿希望，因為附近可能有人。在沙漠中迷走了八天之後，普羅斯佩里遇到了一群遊徙的柏柏爾人。他們給他喝羊奶，並且通知了警察。

原來普羅斯佩里已經跨越了國界，進入阿爾及利亞——偏離原本的賽道有驚人的291公里之遙。他瘦了16公斤，眼睛和肝臟都受損，花了將近兩年才完全復原。不過他活下來了。四年後，他再度回到撒哈拉沙漠馬拉松的起跑線，準備再次挑戰這片差點要了他性命的沙漠。

左頁：普羅斯佩里在遭遇那場使他迷失方向的沙暴之前幾個小時；獲救後的普羅斯佩里（小圖）。

最上：1994年的比賽地圖

上：普羅斯佩里躲避的神壇

沙漠居民

由於氣溫極高又缺乏水分，沙漠絕對是艱苦的環境。在地球僅存無人居住也無人耕種的絕對荒野之中，有一些就是沙漠。很多沙漠都貧瘠又荒涼，但那並不表示人類無法生存。事實上，有超過10億人口以沙漠地區為家。

沙漠是個極端之地。許多沙漠民族都必須克服極熱的白天和極冷的夜晚。幾千公尺高的沙塵暴可以揚起沙牆吞噬一切。傳說在公元前530年，波斯帝國國王岡比西斯二世曾派遣5萬大兵越過埃及西邊的沙漠，結果全軍被一場巨大的沙暴吞沒，就此下落不明。考古學家至今仍在撒哈拉沙漠到處搜尋，希望可以找到「失蹤的岡比西斯大軍」。

而終於等到下雨時，又可能發生暴洪，淹沒整個區域。在大部分地方，雨水會流入河流、湖泊或海洋。但很多沙漠都沒有這類水體來接收過多的雨水，所以雨水會頃刻淹沒大地。2009年，沙烏地阿拉伯的吉達就遭遇了暴洪。道路和房屋都被沖走，還有超過100人死亡。

驚人適應力

人類已經在沙漠中生活了幾千年。這段歲月裡，人類已經發展出各種有利生存的工具和技術。但除此之外，沙漠居民的身體也有了改變，更能適應沙漠環境。一般來說，人體很能保持涼快。跟很多動物不同的是，人類會流汗：汗水從皮膚表面蒸發時，就會降低體溫。沙漠原住民（例如下圖的南非布希曼人）多半很瘦，因為這有助他們的身體散發最多的熱。且由於深色皮膚能保護身體免受陽光輻射傷害，但又會吸收許多的熱，因此沙漠原住民的膚色多半有點深但又不太深。

賭你不知道！

世界最乾燥的沙漠幾乎從來不下雨，例如南美洲阿他加馬沙漠裡的某些氣象站就從來沒有記錄過一滴雨！阿他加馬沙漠每年的降水量不到1公分，而且還是以霧而不是雨的形式出現。當地人會使用名叫「捕霧網」的巨大紗網來收集空氣中的霧，例如左圖位於祕魯利馬的這張，以供飲水和灌溉之用。

一陣哈布風襲捲蘇丹的
喀土穆。

以沙漠為家

**沙漠居民的日常生活
是什麼樣子？**

趕駱駝

駱駝之類的動物天生就適應炎熱的沙漠氣候。沙漠游牧民族會趕著這些動物在沙漠中到處移動。很多沙漠民族會喝駱駝奶，這是他們水分和養分的重要來源，因為在沙漠裡這兩者都很缺乏。

鷹獵

數百年來，戈壁沙漠上的蒙古牧民都會用金鵰來狩獵。獵鷹人——例如蒙古西部的這兩位（見圖）——會花幾個月的時間訓練猛禽去捕捉兔子之類的獵物，帶回來之後再給予食物作為獎勵。

穿戴防護衣物

沙漠居民傳統上都穿著寬鬆的長版衣服，既通風又能防晒。頭巾或面紗之類的頭飾（例如圖中這位貝都因婦女的面紗）也有保護作用，還能在沙暴來襲時防止飛沙進入眼睛、耳朵和鼻子。

現代奇觀

人類並非總是改變自己的生活方式來順應環境。有時候，人類反而是利用科技來改變生活環境！雖然位在莫哈維沙漠中央，美國內華達州的拉斯維加斯卻是一片綠意盎然。這是因為城市 90% 的飲用水都是從 40 公里外的米德湖拉管線送過來的，而米德湖又受科羅拉多河挹注。不過環保人士警告，以拉斯維加斯的用水方式，例如硬要讓這片沙漠中的高爾夫球場保持翠綠，米德湖的儲水量是不夠用的。

保持家中涼爽

沙漠居民（包括貝都因人）傳統上都以帳棚為家，就像約旦瓦地倫沙漠中的這座（見圖）。帳棚可以讓空氣流通，保持室內白天涼爽。此外還可用動物毛髮來給帳棚隔熱，在夜晚溫度下降時保持室內溫暖。

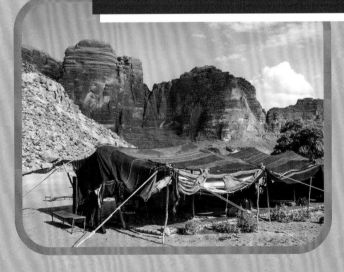

不斷遷徙

很多沙漠原住民（例如貝都因人）長久以來過的都是游牧生活。從北非到中東，他們不斷移動，當一處的食物和水耗盡後，就前往一個新的地方。

防晒油哪裡來？

夏天去沙灘或游泳池之前，你可能不用思考就知道要擦防晒油。但你可曾想過，在現代防晒油發明之前，古代人是如何防晒的呢？

繪畫顯示古希臘人會用面紗和寬邊帽來擋太陽。古希臘人還會用橄欖油來保護皮膚，而有些美洲印第安人也會用加拿大鐵杉的松針來舒緩晒傷。莎草紙卷軸和墓穴壁畫都顯示，古埃及人會把植物萃取物抹在身上來防止晒傷。有趣的是，現代科學發現某些古代使用的原料確實有效——例如米糠能吸收紫外線，茉莉花有助修復受損的DNA。

最早的泳裝19世紀晚期問世，當時從脖子到腳踝的所有皮膚幾乎都有保護。隨著時間過去，泳裝的布料愈來愈少，晒傷的人也愈來愈多。不過一直要等到第二次世界大戰之後，人類才開始認真尋找像防晒油那樣的東西。駐紮在菲律賓的美國大兵需要保護皮膚，因為他們必須長時間頂著驕陽在航空母艦的甲板上工作。於是，政府開始研究防晒物質。

最早的防晒物質之一是紅礦物脂，是空軍士兵與藥劑師班哲明・格林發明的。它是把原油煉成汽油時的一個副產品，呈厚重的紅色膠狀，擦起來不舒服，但確實有防晒效果。戰後格林又不斷調整配方，直到研發出一種乳液狀的物質，可以抹在肌膚上。這項發明最後變成了「確不同」（Coppertone）這個品牌的防晒油，人類也從此有了擦防晒油的習慣。

賭你不知道！

許多防晒油都含有對海洋生物有害的化學物質。例如二苯甲酮因為能吸收紫外線而廣泛使用於防晒產品中，但它卻會造成珊瑚白化以及年輕珊瑚變形。所幸現在有些企業已開始重視這件事，改用能隔絕紫外線但對珊瑚比較安全的替代物質，例如非奈米二氧化鈦。

沙漠動物

如果你曾在沙漠中待過，你當時應該很珍惜每一個可以在空調房中躲避高溫的機會。不過大部分的沙漠生物都無處逃避，因此牠們只能變成抗暑專家來抵抗家鄉的酷暑。

成功適應沙漠氣候的動物有個特別的名字：乾生動物。各種動物，不論是昆蟲、爬蟲類、鳥類還是哺乳類，都可以是乾生動物。牠們是天生就能在極端環境中存活的生物。

乾生動物的身體構造經歷了數百萬年的演化，有助對抗高溫。例如傑克兔擁有血管遍布的長耳朵，能大量散熱，降低動物體溫。跳囊鼠會躲進地下躲避白日的高溫，陸龜則有厚殼保護身體免受太陽光直射。

乾生動物也發展出許多驚人的機制來適應缺水的沙漠。有些光是透過牠們吃下的植物就能獲得生存所需的全部水分，例如北非和中東地區的小鹿瞪羚。北美洲的跳囊鼠的節水方法更是極端：當牠們吐氣時，會透過鼻腔內的特殊器官把吐息中的水氣過濾出來，回收到體內再運用。

沙漠植物

沙漠植物也有絕妙的生存技巧。地球上的許多植物葉子都很大，可增加吸收陽光的面積，以利進行光合作用提供自身所需能量。但對缺水環境中的植物來說，那反而不是件好事。葉子大也代表水分較容易從葉面蒸發，所以大部分沙漠植物的葉子都小小的、質地如蠟。還有一些甚至連葉子都沒有：仙人掌會把吸收到的水分儲存在樹幹中。生長在美國亞利桑那州索諾拉沙漠和墨西哥北部的巨柱仙人掌表面呈皺褶狀，遇到暴雨時可以像手風琴般吸水擴張。大型的巨柱仙人掌根本就是一座活生生的水塔，儲水量可達 750 公升！

賭你不知道！

白天的沙漠看似乎了無生機，但不妨試試看在夜間造訪！大部分的乾生動物，包括狐狸、齧齒類（例如旗尾跳囊鼠）、郊狼，都是夜行性動物，也就是牠們白天氣溫高時都在睡覺，等到晚上沙漠涼爽下來後才甦醒活動。

黑尾傑克兔其實跟一般兔子不同，屬於沙漠型野兔，出沒於美國西部與墨西哥。野兔的耳朵比一般兔子長且大。

在所有犬科動物中，耳廓狐的耳身比例是最大的。

散熱的耳朵：
耳廓狐

一看到耳廓狐，你注意到的第一件事就是那不成比例的大耳朵。 看起來就好像是跟一隻比牠大很多的動物借來的！但這對耳朵可不只是好看而已：它們還有助耳廓狐在酷熱的家園中生存。大耳朵除了可以聽見地下傳來的獵物聲響，還有助散發多餘的體熱，讓狐狸的身體保持涼快。

耳廓狐的蹤跡遍布撒哈拉地區和北非的所有沙漠。牠們的生活方式也是順應當地的極度高溫：長而厚重的毛髮能防止太陽直接照射皮膚，夜間變冷時則能保暖。連腳掌上也長滿毛，有助牠們在滾燙的地面上行走，而且還有類似雪靴的效果，讓耳廓狐能優雅地在變動的沙地上移動。

和許多沙漠生物一樣，耳廓狐白天大多躲在地下洞穴中，約1公尺深。無論太陽多麼毒辣，洞穴中仍會保持涼爽。耳廓狐是群居動物，大約十隻成一群，彼此的地穴之間常有隧道相通。

睡了一整天後，耳廓狐會在黃昏出來，趁著涼爽的夜晚狩獵。牠們是匿蹤專家，會悄悄伏擊最愛的獵物，包括昆蟲、齧齒類和蜥蜴。跟大多數的沙漠生物一樣，耳廓狐也不需要太多水分，所需的水分大部分都是從植物中攝取。這還真是個聰明的生存策略！

科：	犬科（Canidae）
學名：	*Vulpes zerda*
體型：	長達40公分
食物：	蛋、昆蟲、齧齒類、爬蟲類
社交習慣：	小群體
棲地：	沙漠
分布範圍：	北非與西奈半島

左頁：耳廓狐幼獸

上：非洲突尼西亞的這兩隻小耳廓狐在巢穴外玩耍

左：利比亞的一隻耳廓狐從巢穴探出頭來

157

適應極端環境：
雙峰駱駝

許多人誤以為駱駝的駝峰裡儲存的是水分。以一種可以好幾個禮拜不喝水的動物而言，這聽起來很合理。但事實並非如此！駱駝的駝峰中儲存的其實是脂肪，所以雙峰駱駝可以好幾個月不吃東西。駱駝若是耗盡了駝峰中的脂肪，駝峰就會下垂。

駱駝也幾乎不會流汗，這有助牠們保存體內水分，讓牠們可以長時間不喝水。但遇到水源時，駱駝可以一次喝下非常大量的水。一隻非常口渴的駱駝可以在13分鐘內喝下114公升的水。那幾乎是一整浴缸的水量！

雙峰駱駝生活在中國的戈壁沙漠以及蒙古大草原。那裡的氣候相當極端，夏天非常熱，氣溫有時可以飆升到攝氏38度，而冬天則非常冷，有時會下探攝氏零下29度。因此雙峰駱駝具備一整套應變系統來對抗極端的氣候變化。牠們毛茸茸的棕色毛皮會隨著季節改變。冬天毛皮會增厚以保持溫暖，到了夏天則會脫落大量毛髮來保持涼快。

雙峰駱駝甚至也有特殊的適應機制來抵抗沙漠棲地常見的沙暴。牠們擁有超長的雙層睫毛（右），耳朵也長滿具保護作用的毛髮。除此之外，駱駝還可以緊閉鼻孔，將風沙阻擋在外！

科：	駱駝科（Camelidae）
學名：	*Camelus ferus*
體型：	加上駝峰超過2.1公尺高
食物：	沙漠植物
社交習慣：	成群
棲地：	戈壁沙漠
分布範圍：	蒙古與中國

賭你不知道！

野生的雙峰駱駝是世界僅存真正野生的駱駝種。多年來，牠們在沙漠棲地上遭受過度獵捕，現在也已列為極危動物。當今世上絕大多數的駱駝都是馴化的單峰駱駝，作為牲口或馱獸。

雙峰駱駝有兩個駝峰。單峰駱駝又叫阿拉伯駱駝，只有一個駝峰。

蒙古沙漠中的雙峰駱駝。

澳洲刺蜥和霧沐甲蟲類似，也會用自己身上的凹槽收集露水。

在納米比亞多羅布國家公園的斯瓦科普蒙德，一隻黑色的沙漠甲蟲用自己堅硬翅膀上的細小突起來收集霧氣中的水滴。

集水專家：
納米比沙漠甲蟲

非洲納米比亞的納米比沙漠幾乎從來不下雨。而當地唯一的水資源對動物來說相當不容易取得：風會從大西洋吹來潮溼的空氣，在當地凝結成霧氣，飄浮在空中。水分就這麼被困在半空中，看得到拿不到。

納米比沙漠的動物已經演化出各種應變之道。有些會獵捕其他動物來獲得所需水分，例如長毛厚尾蠍和納米比亞變色龍。鏟吻蜥則會攝取凝結在身上或石頭上的霧氣，並且把水分儲存在第二個膀胱裡！不過納米比沙漠甲蟲的作法可能是最勤勞的。這些嚇人的昆蟲具有一種生存超能力：能直接從霧中取水！首先，牠們會用長長的後腳站起，伸出滿是複雜突起物和溝槽的背部，逆風而立，張開顆粒遍布的堅硬外層翅膀，迎向潮溼的微風。小水滴會集結在甲蟲背部，持續積累直到形成大顆水珠，直接滑入甲蟲口中。

自從納米比沙漠甲蟲驚人的取水能力見聞於世，科學家就開始努力想複製這項技能，希望可以創造特殊材質，讓人類也能從空中變出水來。有位科學家結合甲蟲背上的突起花紋以及仙人掌刺上的小皺褶（也具有自空氣中汲取水分的絕佳能力），同時參考食肉植物的光滑外表，創造出一種材質，集水能力是其他表面的十倍。智利的專家則把這種材質塗抹在一面面巨大的網紗上，架設於山坡，希望有朝一日能靠它們取得部分飲用和灌溉用水。

科：	偽步行蟲科（Tenebrionidae）
其他俗名：	霧沐甲蟲
學名：	*Stenocara gracilipes*
體型：	5公分
食物：	腐敗物質、植物、真菌
棲地：	沙漠
分布範圍：	納米比沙漠

納米比沙漠

驚人適應力

許多沙漠動物都已演化出絕妙的抗熱方法。以下是動物界的幾個最聰明的生存策略。

皮膚當吸管

澳洲刺蜥生存於澳洲,嘴巴已經演化成專門吃螞蟻的構造——而且只能吃螞蟻。牠甚至無法喝或舔水!因此澳洲刺蜥會以皮膚上的一套小摺痕為吸管,一路把水送到嘴裡。牠會在身上撲滿沙塵,讓表皮吸收任何來自雨水或露水的水分。

羽毛當海綿

當生活在北非和亞洲沙漠的沙雉雛鳥在巢中口渴時,父親都知道該怎麼做。雄性沙雉會飛到附近的溪流,把身體泡在裡面,用腹部的特殊羽毛吸收約 30 毫升的水,再飛回巢中。雛鳥會把鳥喙當成小小的刮刀,把水刮進自己嘴裡。

鹹鹹的淚水

大部分動物都是靠尿液排出身體過多的鹽分。但這也表示會損失許多水分——而在沙漠中，不應有任何一滴水遭到浪費。所以北美洲的走鵑有不同的策略：牠們用哭的，透過眼睛旁邊的腺體排出多餘的鹽分。

穿雨衣

當稀樹草原上的雨季結束時，非洲牛蛙會採取一種很聰明的作法。牠會把自己埋進土中，脫下好幾層皮膚，形成一個包裹全身的繭，只留下鼻孔來呼吸。之後牛蛙就展開長達十個月的冬眠，等待乾季過去。當雨季再次來臨時，牛蛙就會甦醒，從那套奇怪的衣服裡爬出來跳走。

尾巴當陽傘

當豔陽灼燒著非洲南部的沙漠時，南非地松鼠不會跑去尋找遮蔭——牠自己就隨身攜帶著遮陽道具！這種穴居的齧齒類會舉起毛茸茸的尾巴，當作陽傘使用。

南極的皇帝企鵝

第九章
極區的生態

在地球的頂部和底部，天氣相當極端。放眼望去都是冰天雪地，白雪覆蓋萬物。有時呼嘯的強風會捲起漫天飛雪，一連好幾日都讓大地一片白茫茫。這裡冷得不可思議——比家裡的冷凍庫還要冷上很多很多。但就算在地球最寒冷的角落，也還是有生命的蹤跡：海中悠游著許多魚類和其他海洋生物，企鵝與北極熊也以這些冰凍的土地為家。此外，極區也有人類居住——在冬季仙境般的北極圈內，大約有400萬人口生活。

加拿大的曼尼托巴省，兩隻
小北極熊在雪地中嬉戲。

極區氣候

南極點就在南極洲，這是一塊大陸，上面覆蓋著巨大的南極冰層——是地球上最大的一塊冰。當季節從夏天轉成冬天，冰層的面積會擴大，從300萬平方公里增加到1900萬平方公里，比整個南美洲還要大！南極冰層保存著地球上大約90%的淡水。整片冰層中穿插著幾座大山，有些甚至高入雲霄，超過海拔4500公尺。

南極洲是地表最寒冷、風最強的大陸，史上最低溫紀錄攝氏零下89.2度就在這測得的。南極洲的冰有冷卻作用，產生非常低溫、密度很大的空氣，從高處向下吹。這股下坡風與環繞南極洲的低壓帶交互作用，風力增強、風速超過每小時100公里，瞬間陣風時速可達200公里以上！要是發生暴風雪，漫天飛雪可能會一連好幾天籠罩大地，稱為「白矇天」。

北極位於北極圈內。北極圈包括北冰洋、鄰近海域、芬蘭、格陵蘭、冰島、挪威、俄羅斯、瑞典、加拿大北部和美國阿拉斯加部分區域等。北極大部分區域都被冰雪覆蓋，有些冰全年不融，但和南極洲一樣，北極大部分的冰會在夏天融化，冬天到來、氣溫下降時再度生成。

北極不像南極那麼冷。南極是一個被海包圍的大陸，但北極則是一片被陸地包圍的海洋。雖然海水也非常寒冷，但還是比極凍的空氣溫暖太多——所以海水的熱可以讓北極相對溫暖。但那不代表北極是濱海渡假勝地，因為北極夏天最高溫也只有大約攝氏0度。冷死啦！

融冰

海冰對地球氣候來說至關重要。海冰呈亮白色，代表照在冰上的大部分陽光（約 80%）都會反射回太空。這個過程叫「反照效應」，能把射向地球的熱能反射回去，有助地球降溫。不過隨著地球暖化，海冰的量也會下降。而海冰減少，反射回太空的熱能也會減少，進一步加劇全球暖化。過去幾年，海冰的量達到史上最低的紀錄。2018 年北極圈有部分地區竟然比正常高了攝氏27.8 度。

賭你不知道！

由於地球自轉軸傾斜，北極圈夏季時全日都是白天。太陽永遠不會下山！北極也因此有了一個綽號叫「午夜太陽之地」。而同一時間，南極圈則處於永夜的狀態。

搶攻南極大賽

左：羅伯特·史考特船長（中央站立者）在南極與隊員合影。在他們找到的幾面旗子中，有一面是一個月前羅亞德·阿蒙森插上的挪威國旗。

下：極地探險家羅亞德·阿蒙森。

在20世紀初，人類還沒有探索地球上最廣大、最遙遠的處女地之一：南極。1911年，兩位探險家展開對決，爭相成為抵達地球南極的第一人。

其中一位競爭者是英國探險家羅伯特·史考特。他曾在1902年嘗試登陸南極，但因為當地氣溫太低，再加上隊員健康狀況不佳，他只好回頭。史考特立誓要回來，並在1910年再度啟程前往南極。不過，當他順道暫停在澳洲進行最後一次補給時，他吃了一

驚——來了一封電報，告訴他自己有了競爭對手。

這位對手是身經百戰的挪威探險家羅亞德·阿蒙森。阿蒙森大半輩子都在世界最嚴苛的環境中磨練自己的生存技能：他是史上第一位成功航過大西洋和太平洋之間危險的西北航道的探險家，整趟航程從1903年開始，直到1906年才走完。在北

史考特的探險隊員在南極操作科學氣球。

奮進。阿蒙森的方法比較簡單：全隊只有五個人，滑雪前進，物資則交給雪橇犬拖。

由於輕裝迅捷，阿蒙森的隊伍每天可以前進超過32公里。他們選擇一條未經考察的危險路線，必須越過冰隙、山嶺和冰川，但卻比較直，路程比較短。結果他賭贏了：1911年12月14日，阿蒙森就把挪威國旗插上了南極點。

史考特的隊伍速度就慢多了。除了行進距離較長，他沿途還停下來採集科學樣本。當他和他的最後衝刺小組終於在一個月多後的1912年1月17日抵達南極點時，他們大失所望，因為發現阿蒙森的隊伍早就來過了。但史考特探險隊的厄運才正要開始。當他們在天寒地凍中緩慢地往回走時，他們因為疲勞、凍傷和營養不良而變得相當虛弱。隊員一個接著一個不敵致命的低溫倒下。幾天後，史考特和剩下兩個隊員在距離補給站僅僅18公里的地方被一場暴風雪困住。幾天後，他們也死在雪中。

從那時起，這場悲劇的競賽就成了一個惡名昭彰的故事，訴說這塊地球上最極端的地區有多麼可怕。今日，南極的永久研究站就是以這兩位南極先鋒探險家的名字命名：「阿蒙森－史考特南極站」（下圖）。

極的那段時間，阿蒙森從當地原住民因紐特人那裡學到如何在極區環境中生存。事實上，阿蒙森原本的目標是要成為第一個抵達北極點的人，但自從美國探險家弗雷德里克・庫克和羅伯特・皮里先後宣稱自己搶先一步抵達北極，阿蒙森就改變了計畫，悄悄地把船開往南方。

1911年的上半年，史考特和阿蒙森都在各自（不同）的路線上囤積食物和補給品，準備在隊伍朝南極點挺進時使用。接著他們就躲起來度過寒冬，等待天氣狀況好轉到可以出發。1911年10月20日，阿蒙森的隊伍出發。而幾天後的11月1日，史考特的隊伍也出發了。

史考特和阿蒙森採取的策略相當不同。史考特使用雪橇犬、小馬和幾台馬達牽引機，但機具拋錨，小馬則受不了那樣的低溫。所以史考特和16個隊員只好把大部分補給品放在雪橇上，自己拖著雪橇走過將近1600公里的冰天雪地。史考特把隊伍分成三組，其中兩組回頭，只留一組五人向南極點

北極居民

許多探險家都在對抗極區的極端環境時丟了性命。但還是有人以這片冰天雪地為家。許多原住民族，例如加拿大和格陵蘭的因紐特人以及美國阿拉斯加的尤皮克人、因努皮雅特人和阿薩巴斯卡人，都在北極圈生活了幾千年。

自古以來，北極圈的原住民都是仰賴土地生存——狩獵、捕撈、放牧和採集野生植物為食。而為了抵禦寒冷，他們已經想出了各式各樣的高明策略，從衣著到房屋都充滿老祖先的智慧。

許多前往北極圈的旅人都沒有這麼成功。這個地區最早的訪客是到大約1000年前才抵達的。他們是從斯堪地那維亞過來的維京人，當時剛好是地球一個不尋常的溫暖期。他們定居在格陵蘭南方海岸，畜養從北歐家鄉帶來的牛群、綿羊和山羊，也獵捕當地的海豹和馴鹿。不過5個世紀之後，氣候又再度回冷。維京人用來耕種和畜牧的土地漸漸消失在冰雪之下。到了15世紀末，格陵蘭島上的維京聚落就不復存在了。

今日，許多北極居民都生活在跟南方的鄰居一樣的現代城鎮中，但還是有人居住在與祖先很類似的小村落中。不論是哪種生活方式，隨著氣候變遷導致冰雪融化，北極居民都面臨著天氣模式的巨大改變。沿岸居民會有遭遇大型風暴的危險，和他們一起生活在極區的動植物也會受到威脅。

驚人適應力

和熱帶與沙漠原住民一樣，北極原住民的身體也已經演化出適應當地環境的能力。北極原住民身材通常矮小，手腳較短，身上脂肪層較厚。這種體型有助身體保存熱能，確保身體末梢最容易凍傷的腳趾手指也能維持溫暖。

北極居民的身體也已經適應了和大部分人類很不一樣的飲食內容。一份傳統的北極餐點可能會包括油脂豐厚的海豹或鯨魚肉，水果蔬菜則不多，因為當地植物生長困難。對大部分的地球人來說，這種高脂肪的飲食會造成健康問題，例如心臟疾病和糖尿病等，但因紐特人卻極少有這些疾病。2015年，研究人員發現，因紐特人有和其他人類不同的基因，讓他們能消化吸收較多脂肪卻仍維持健康。

左頁：阿拉斯加西部的一位尤皮克人把鮭魚掛在風乾架上。

上：阿拉斯加西部的一位因努皮雅特女孩抱著小狗。

以北極為家

北極居民的日常生活
是什麼樣子？

冰雪上移動

在其他地方，人可能會靠汽車或駱駝來移動。但這類交通方式並不適合滑溜溜的冰層。反之，北極居民會穿傳統的雪鞋，避免陷入雪中，還會用狗拉雪橇（如上圖）來進行長距離移動，而走水路則會用獨木舟。

獵捕食物

北極能種植的植物很少，所以因紐特人傳統上都以動物為主食。他們會捕獵海洋哺乳類，如鯨魚、海豹和海象，也會捕獵陸上哺乳類，例如馴鹿。他們也吃魚、鳥類和牠們的蛋。

保持室內溫暖

聽起來很奇怪，但雪能夠幫你保暖！雪其實是很好的絕緣材質，能避免室內熱能逸散，這也是為什麼許多北極動物會挖雪穴來求生存。北極居民也比照辦理：冰屋——用雪塊搭成的圓頂住所——曾經是某些因紐特人的傳統冬屋。屋內只靠人體體溫加熱，氣溫卻可以升到攝氏 16 度。

外出保暖

因紐特傳統服飾強調禦寒能力，多使用狐狸、狼、馴鹿、有時還有北極熊等的動物毛皮來維持身體溫暖。褲子與及膝長版外套常會加上一頂狼或狼獾的毛皮做成的兜帽，保護臉部不被冰雪摧殘。手套和靴子可能會以防水的海豹皮製作。

捕魚來吃

因紐特人的傳統捕魚方式包括矛、魚叉、徒手或橫越溪流的魚網。現在也有些當地人也會用現代釣竿和捲線器。冬天海面會被海冰覆蓋，所以因紐特人會鑿冰，用誘餌或矛來捕魚。古時候使用的石滬（建於河中的半月形石堆，能把魚困）直到今日還是可見於北極圈各地。

南極為什麼沒有人住？

南極洲的人口數為零。一個也沒有。雖說當地有訪客，但這個又冷風又大的地方沒有任何永久居民。不過，地球上其他的寒冷地區還是有人居住，例如阿拉斯加和格陵蘭。那為什麼南極洲沒有呢？

大約3億年前，地球上大部分的陸地彼此相連，形成一塊叫「盤古大陸」的超級大陸。大約2億年前，盤古大陸開始分裂。今日的南極洲開始與今日的澳洲和南美洲分開。自此之後的3500萬年間，早在人類登場之前，都沒有任何陸橋連接南極洲與其他大陸。自始就處於孤立狀態的大陸，周圍還環繞著波濤洶湧的海域以及嚴酷的天氣。由於抵達南極洲太困難，古人根本沒有機會發現它的存在。一直等到1820年，人類有了足夠的航海技術航行到這麼南邊，這才第一次看見南極大陸。

但這不表示南極洲上一個人也沒有。許多遊客千里迢迢來到地球的最南端，造訪這片最偏遠、最原始的大陸。不過真正在南極洲長期逗留的就只有科學家了。

南極洲有40個研究站，全年平均大約有1000人在南極工作。他們忍受著狂風以及有時會下探到攝氏零下73度的低溫，一切就為了科學。科學家觀察南極的生物，了解它們如何在極低溫下生存，研究南極大陸的氣候變遷，同時也眺望宇宙（南極洲的空氣乾燥純淨，望遠鏡可以看得非常遠）。

在這樣極端的環境裡工作有相當的風險。補給品大約每6到8個月送來一次，而2月到10月間由於天氣太險惡，飛機完全無法起降，所以沒有人可以離開這片大陸。網路連線也斷斷續續，所以科學家一個禮拜只能跟家裡聯絡幾次。而且大部分的研究站都彼此相隔好幾百公里。但科學家還是找到了一些娛樂自己的方法：看電影、滑雪，甚至還有一場影展，各研究站會比賽看誰可以拍出最好的業餘電影。

左頁：遊客搭乘國家地理探險船「奮進號」經過威德海的一座冰山。

左：一位冰川學家在南極底下的雪坑中採取冰芯。

北極的英文「Arctic」源自希臘文的「arktos」，意思是「大熊之地」，因為大熊星座不斷繞著北方天空轉。

虎鯨是哺乳類，所以一定要找到冰層破口，浮出水面換氣。

極區動物

要是你家室溫下降，你也許可以加一件毛衣或把暖氣開大。當然，極區的動物沒有這些選項。但許多生物，包括天上飛的、陸上走的、水裡游的，都以這片看似無法生存的大地為家。北冰洋裡有許多洋流，會把寒冷的海水快速送到別處。這些洋流也會運送各式養分和微小生物，例如名叫浮游植物的微小植物。許多動物，不論是蝦子、魚、還是海獅，都在這片富足的水域生生不息。而北極圈的地形也很多元，有群山、冰層、島嶼和凍原。這裡有貓頭鷹翱翔、北極熊狩獵，還有馴鹿在吃草。

南極圈的溫度就真的太低了，土地上的生物很少。幾乎沒有植物可以在當地生長，所以當地動物也沒有什麼食物來源。不過南極洲四周的海域卻截然不同，有溫暖的海水自深海湧升海面，幫助浮游生物和藻類繁盛生長。這些小生物支撐著一整個海洋食物網，包括豹斑海豹、企鵝和很多種類的鯨魚。

南北兩極的動物都懂得運用許多策略來保暖並確保食物來源。有些適應是生物層面的，例如北極熊身上的厚毛和厚脂肪。有些適應則是行為層面的，例如皇帝企鵝曾有過潛水超過565公尺深的紀錄，尋找當地水域的豐富漁產。這深度可是比紐約的帝國大廈還要高！

企鵝VS.北極熊

一般人可能很容易想像北極熊和企鵝一起在雪地上嬉戲的畫面。不過事實上，這兩種生物——還有其他許多極地生物——中間都隔著好幾千公里的陸地和海洋。北極熊住在北極圈，當地還有北極狐、許多種類的海豹和鯨魚，以及海雀之類的鳥類。相對之下，很少有動物在南極的陸地上長期定居。只有帝王企鵝（下圖）和其他許多海洋動物，還有某些種類的鯨魚和海豹。

抗寒專家：北極熊

北極熊是保暖大師，不畏北極圈的寒冷。事實上，也因為北極熊身體機制太過保溫，一不小心就會有過熱的問題！為了避免身體溫度太高，北極熊除非是在狩獵，不然都是緩步行動。牠們身體構造究竟怎麼抵禦嚴寒呢？

擁有將近10公分厚的雙層脂肪是生存的關鍵。脂肪是很好的絕緣材質，能把北極攝氏零下40度的低溫擋在體外，同時把北極熊體內的核心溫度維持在攝氏37度。

北極熊皮膚表面有一層5公分厚、短而濃密的內層絨毛，外層則還有15公分長的護毛。有些雄性北極熊的腿部護毛甚至可長到30公分！多層的毛髮結構有助北極熊留住皮表附近的空氣，維持體內溫度。

除了多層的脂肪和毛髮，北極熊還有像黑膠唱片那麼大的腳掌，平均分散自己的體重對冰層造成的壓力，也能增強抓地力。北極熊的毛皮外還有一層能防水的油脂外膜，因此牠們浸泡在冰冷的北冰洋水中也不會失溫，有點像天生的防寒潛水衣！

北極熊不像黑熊，沒有冬眠習慣，不過母北極熊準備生產時，牠們會建造一個育兒地穴，在穴中養育幼獸約五個月的時間。許多地方的北極熊媽媽會選在海冰之上的雪中挖穴育兒，不過因為氣候變遷，海冰範圍變小，也變得較薄，專家說有愈來愈多的北極熊媽媽必須在陸地上做窩。這代表到了春天，當媽媽與小熊探頭出穴，可能無法回到海邊獵捕海豹。北極熊也需要海冰來進行捕獵，當海冰變小、變薄，牠們也必須移動愈來愈遠才能找到東西吃。

科：	熊科（Ursidae）
學名：	*Ursus maritimus*
體型：	後腿站立達2.4公尺，約408到726公斤。
食物：	海豹（環斑海豹、帶紋海豹、髯海豹）、海象、白鯨。
社交習慣：	除了帶著幼熊的母親，大多單獨行動。
棲地：	海冰，融冰時就到陸地上。
分布範圍：	北極圈

賭你不知道！

北極熊大多數時間都在海水裡，即使海洋結凍也不例外。牠也是游泳好手，紀錄顯示曾有北極熊游泳行進幾百公里。科學家把北極熊視為海洋哺乳類，與海豹、鯨魚、海豚和海象等一樣。

右：馴鹿遷徙穿越阿拉斯加北極國家野生動物保護區。

右頁：瑞典薩勒克國家公園內，馴鹿群正在覓食。

跟其他許多種類的鹿不同的是，馴鹿不分雌雄都能長角，雖然不是所有的雌性都會長。

四季旅行家：馴鹿

如果你曾在雪地上行走，你就會知道，想在那鬆動滑溜的雪面上站穩有時很困難。在冰天雪地的北極圈，春天更是尤其難走的季節。融雪讓地面變得軟爛泥濘，不過這些刁鑽的路面對馴鹿來說完全不是問題。一切都要歸功給牠們演化出來的特殊腳蹄。

馴鹿的英文俗名有兩種：「caribou」和「reindeer」，分布於北美洲、歐洲、亞洲和格陵蘭北部區域。牠們巨大的蹄會隨著季節變化。夏季馴鹿的腳蹄組織會增大，變成有點像海綿，提供馴鹿更好的抓地力，適合應付溼軟的凍原表面。冬季則相反：腳蹄的軟組織會縮小，露出尖銳的蹄甲，幫助馴鹿踩入雪地和冰面，步步穩健。

馴鹿會隨著季節改變的不只是蹄。牠們的眼睛也會改變！為了應付北極冬天的永夜那幾乎伸手不見五指的黑暗，馴鹿的眼睛虹膜顏色會從黃色變成極深的藍色，不僅提升視覺敏銳度，也讓馴鹿可以看見可見光譜以外的波長範圍，進入紫外光譜的世界。這種超級視力有助馴鹿找到地衣（牠們吃的植物），就算被雪覆蓋也一樣，因為在紫外光下，食物相當明顯。找到之後，馴鹿就會使用堅硬的蹄挖出食物。

另外，雖然真實世界中的馴鹿沒有紅鼻子，但牠們的嗅覺器還是相當特殊。馴鹿鼻內構造彎曲且遍布血管，這些血管可以溫暖吸進來的冷空氣，保護馴鹿的肺部，進而幫助馴鹿維持身體溫暖，不怕北極圈的嚴寒。

科：	鹿科（Cervidae）
學名：	*Rangifer tarandus*
體型：	身長可到231公分，體重可達318公斤。
食物：	樹葉、蘑菇、羊鬍子草、地衣。
社交習慣：	群居動物，一群幾千隻。
棲地：	北極凍原和亞北極林帶。
分布範圍：	北極圈周圍。

極區的水中生態

南北極地區的許多動物
都不是住在陸地上，而是活躍於
底下冰冷的海水中。

海象

這種北方巨獸重可達 1.4 公噸，和一輛小型車一樣！海象最著名的就是臉上的鬍鬚和巨大的象牙，兩種特徵都有重要的功能。海象可以透過鬍鬚在漆黑的深海中感受到蚌類、貽貝和其他海中獵物的動向，也會用象牙把自己巨大的身軀拖上岸，或是在冰上鑿出換氣口。

南極魚

南極洲周圍冰冷的海水溫度大約是攝氏零下 2 度，人類在這樣的海水中只能存活 15 分鐘。不過這種溫度對南極魚來說不算什麼，牠們天生就有能抵抗低溫的特殊防禦機制，具有天然的抗凍能力。南極魚的血液中含有特殊分子，能防止冰晶生成，避免血液結凍，因此即使在零度以下的海水中，牠們依然可以活動。

虎鯨

虎鯨又叫殺人鯨，是種高智商的群居動物，經常合作狩獵。曾有人在北冰洋觀察到虎鯨合作製造大浪，把海豹從海冰上沖下來，以便牠們獵食。

獨角鯨

雖然獨角鯨有時也被稱作「海中的獨角獸」，但這種動物螺旋狀的長角其實是一顆穿過上嘴唇的長牙，可達3公尺。獨角鯨是海豚的親戚，生活在北冰洋，需要靠海冰中間的空隙（叫「冰間水道」）讓牠們上來水面換氣。

弓頭鯨

許多種類的鯨魚只會在夏天造訪北冰洋，冬天到了就遷徙到較暖的水域。不過弓頭鯨不一樣，這種大型海洋哺乳動物利用自身0.6公尺厚的鯨脂，勇闖寒冷的北冰洋。

羽毛偽裝：雪鴞

雪鴞盤旋俯衝，直撲地上的北極旅鼠。這種鳥翼展寬達1.5公尺，飛行時悄然無聲。由於飛行時一點聲音也沒有，還長著一身雪白的羽毛，這種北極生物有了一個稱號：鬼鴞。

冬天時太陽完全照不到北極圈。海冰覆蓋一切，氣溫也降到攝氏零下51度。不過雪鴞因為身上的羽毛而得以生存。牠們連腳爪上也有羽毛……就像穿著一雙毛茸茸的拖鞋！為了抵擋嚴寒的北極氣候，雪鴞的羽毛特別厚重——重到讓牠們贏得了美洲最重貓頭鷹的頭銜。

雪鴞大部分時間都待在北極遼闊荒涼的凍原上。牠們會棲息在地面或柵欄上，等待最佳時機撲向獵物。貓頭鷹是老練的獵人，擁有絕佳的視力和聽力，發達的感官讓貓頭鷹可以察覺躲在長草中、甚至是雪底下的獵物。雪鴞最愛的佳餚是當地的一種小型齧齒類，叫北極旅鼠。一隻雪鴞平均一年可以吃掉1600隻北極旅鼠。不過若是都抓不到北極旅鼠，雪鴞也會吃其他的小動物，例如野兔、老鼠和鴨子等。

有時雪鴞會在夏季遷徙到加拿大、北美、歐洲和亞洲找尋更多食物，不過大部分時候，牠們全年都會留在北極圈的繁殖地。

科：	鴟鴞科（Strigidae）
其他俗名：	雪貓頭鷹、白鴞
學名：	*Bubo scandiacus*
體型：	身長約71公分、展翅寬達147公分、體重可達2.9公斤
食物：	北極旅鼠和田鼠
社交習慣：	終身一夫一妻
棲地：	開闊凍原，靠近北冰洋周圍區域
分布範圍：	北美洲與歐亞大陸位於北極圈內的地區

賭你不知道！

雪鴞會成雙成對協力撫養小雪鴞。雌雪鴞會持續一個月坐在巢中為鳥蛋保溫，直到雛鳥孵化。雄雪鴞則會不斷狩獵，必須抓到足夠的北極旅鼠來餵飽自己、另一半和雛鳥。小雪鴞五到七週大時，就可以開始自己覓食了。

因為北極圈有永晝，
雪鴞也可以在白天狩
獵。其他貓頭鷹大多
只能在夜間狩獵。

加拿大的一隻雪鴞
展翅飛翔。

威德爾海豹在水下的叫聲很大聲，連站在冰上的人都聽得見。

威德爾海豹媽媽與小海豹一起在浮冰下悠游。

186

保暖智慧王：
威德爾海豹

沒有其他種類的海豹能像威德爾海豹一樣生活在南極圈。這種肉食動物大部分時間都待在南極洲冰層底下的海水中，在冰冷的水中獵捕牠們最愛的食物，包括魚、烏賊、章魚和蝦。這種海洋哺乳動物有驚人的游泳技巧，牠們可以一口氣在水中待45分鐘，還可下潛到720公尺深處。

深潛是個很聰明的策略：若是從底下逼近獵物，獵物會在上方明亮的冰層上形成剪影，非常顯眼。威德爾海豹還會向冰層裂縫中吹氣，驚擾躲在隙縫中的小魚，讓魚群直接游進牠嘴裡。

深水中其實非常寒冷，幸好威德爾海豹有天生的防寒潛水衣：一層豐厚的脂肪，可以保住身體體溫，維持溫暖。威德爾海豹體脂含量之高，占身體體重的40%！由於脂肪的保暖效果太好，晴天海豹上岸晒太陽時，常會把身體周圍的冰雪融化。

威德爾海豹可以生活在冰層底下的水中，不過牠們仍屬於哺乳類，需要呼吸。冬天海豹在海中狩獵時，上方冰層隙縫可能會閉合，所以牠們會使用自己銳利的犬齒在冰層中鑿出換氣孔，而且都會記得這些換氣孔的位置。即使在黑暗的南極冬季，牠們也能輕易找到先前準備的換氣孔。

科：	海豹科（Phocidae）
學名：	*Leptonychotes weddellii*
體型：	身長3公尺，體重544公斤
食物：	魚、甲殼類、章魚和其他海洋生物
社交習慣：	成群活動
棲地：	南極海域
分布範圍：	南極大陸周圍水域

一隻威德爾海豹在海冰上休息。

187

保溫專家：
阿德利企鵝

每年9到10月是南極洲的春天。阿德利企鵝會幾千隻為一群聚集在岩石岸上，形成群落。牠們會用這塊貧脊大陸上唯一可取得的資源——岩石——來築巢，接著雌企鵝會在巢中產下兩顆蛋。

阿德利企鵝是模範父母，雙親輪流孵蛋。一定會有一隻在巢中留守，另一隻跳入海中覓食，接著交接任務，讓另一半也有機會進食。大約到12月，毛茸茸的雛鳥就會孵出，企鵝爸媽依舊維持這個輪流留守的機制，照顧雛鳥直到三週大為止。這時雛鳥就不需要隨時有人在旁看顧，一大群離巢小動物會聚集在一起以保安全。

到了隔年3月，雛鳥已經將近九週大，羽毛也褪掉，換上成鳥的羽毛。是時候自己獵食了。牠們會第一次跳入冷冽的南極海域。阿德利企鵝是游泳健將，身體呈魚雷形，有助牠們快速悠游於海中。雙翼則已演化成槳狀，不良於飛行，但可提供極佳的水中推進力。為了吃上一餐，這些企鵝可以游超過298公里。

和許多寒帶鳥類一樣，阿德利企鵝有防水的羽毛。上陸時，這種黑白相間的鳥羽可以留住熱能維持體溫，不過真正保暖的機制在於皮下那層厚厚的脂肪。事實上，阿德利企鵝天生的保暖機制太過有效，只要氣溫升高到接近攝氏0度，牠們就會過熱。

科：	企鵝科（Spheniscidae）
學名：	*Pygoscelis adeliae*
體型：	身長約70公分
食物：	磷蝦為主，但也吃魚和烏賊
社交習慣：	春天交配季節時大規模群聚
棲地：	夏天在島嶼，冬天在冰堆上
分布範圍：	南極大陸和附近島嶼

一隻阿德利企鵝在哺育剛孵化的雛鳥。

曾發現阿德利企鵝
會偷鄰居築巢用的
石頭。

**賭你
不知道！**

鳥類擁有特殊的適應，有助牠們度過風暴。許多鳥
類在理毛的同時，會把皮膚腺體分泌的油脂均勻塗
抹在羽毛上，讓自己變成防水之身。

第十章
溫帶地區
的生態

夏季溫暖、秋季涼爽、冬季下雪、春季陰雨……這算是溫帶地區四季天氣的寫照。溫帶位於地球熱帶與極區之間,處於這樣的緯度,溫帶區域不會太熱也不會太冷,就處在中間。溫帶著名的就是溫和的天氣,氣溫波動不會太極端,但這不表示天氣狀態每天都一樣:溫帶許多地區都四季分明。溫帶也會遭遇颱風、熱浪或漫天大雪。生活在這裡的各種生物與人類都適應了不斷變化的天氣。

地球上超過50%的
人口都居住在距海
100公里以內的沿
海地帶。

溫帶氣候

溫帶區域位於南北半球的30到60緯度之間。美國大部分地區、歐洲和南美洲南半部都落在這個氣候帶。由於氣候溫和，許多動植物都在這裡蓬勃生長。許多人認為這裡有全世界最棒的天氣。

因為位置的緣故，溫帶不像赤道地區受炙熱的陽光直射，也不像極區陽光照射角度那麼傾斜，因此溫帶四季的天氣變化就剛好落在這兩個極端之間。

溫帶氣候分成兩種：溫帶海洋性氣候和溫帶大陸性氣候。海洋性氣候發生於臨海地區，溫度改變範圍不大，因為水體相較於岩石和土壤，能夠保存許多熱能，而且熱能儲存的時間也較長。當鄰近地表都已經冷卻，海洋仍舊相對溫暖，因此大量儲熱的水體使全年氣溫波動不顯著。英國就是標準的溫帶海洋性氣候，全年溫度變化幅度不超過攝氏27.7度。

溫帶大陸性氣候出現在離海甚遠的內陸地區。由於周遭沒有海洋可以調節氣溫，所以夏季炎熱、冬季寒冷。美國北部就是標準的溫帶大陸性氣候，冬夏之間的溫差可高達攝氏57度。

為什麼地球有季節之分？

地球上的季節是地球自轉軸傾斜造成的。有時地球的上半部朝太陽傾斜，這時就是北半球（或地球上半部）的夏季。這也是北極圈夏天太陽都不會下山的原因。當地球的上半部朝遠離太陽的方向傾斜時，就是北半球的冬天、南半球（或地球下半部）的夏天，換南半球受太陽直射。基於緯度位置，溫帶受到的陽光照射量全年不斷改變，因此有分明的四季。

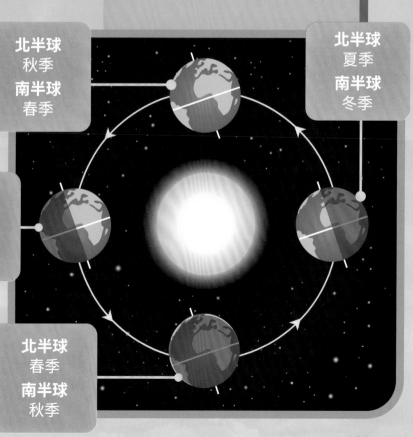

北半球
秋季
南半球
春季

北半球
夏季
南半球
冬季

北半球
冬季
南半球
夏季

北半球
春季
南半球
秋季

阿帕拉契山徑驚魂

1955年5月，一位名叫艾瑪·蓋特伍德的67歲奶奶告訴孩子，說她要「去山林裡走走」，然後就出門了。不過有一個重要的細節她沒說：這趟「山林走走」其實是走「阿帕拉契山徑」。這條山徑蜿蜒通過喬治亞州北部的溫帶雨林，抵達緬因州北方的高山凍原。而蓋特伍德奶奶想要成為第一位獨自走完全程的女性。

阿帕拉契山徑全長約3500公里，是全世界最長的徒步山徑。每年都有成千上萬人前往，希望能夠走完全程，不過只有四分之一的人能夠一路走到終點：緬因州的卡塔丁山。而山徑的長度本身還不是唯一的挑戰。天氣更是一大難關。

山徑沿著地表最古老山脈的山脊前進。若是從南向北走，從喬治亞州到緬因州（蓋特伍德就是這樣走），爬升的垂直總距離達到14萬1580公尺，十分驚人。在海拔偏高處，即使是在氣候溫和的田納西州的夏天，氣溫仍可降到接近冰點。潮溼的空氣沿著山坡上升，有時會突然形成雷暴，而對山脊上的登山客來說，閃電更是重大的風險。而即使有幸逃過雷擊，仍

有大雨要面對。位於喬治亞州北部和北卡羅萊納州西南部的藍山山脈，最高峰的溫帶雨林雨量可達2540毫米。

炎熱高溫也相當嚴峻。山徑經過西維吉尼亞州的哈珀斯費里鎮，當地曾有過攝氏42度的高溫紀錄。隨著山徑愈往北走，氣溫愈低。位於新罕布夏州的華盛頓山素有「世界天氣最差的地方」之名，當地春季雪暴頻傳，強烈陣風風速可達每小時372公里。

蓋特伍德奶奶要面對的就是這麼險峻的挑戰。但她竟然只穿了一般運動鞋、帶著一個自製背包就上路了。她沒有帶睡袋、帳棚、指南針或地圖，只是日復一日、週復一週地向前走。就在1955年9月25日，寒冷風大的一天，蓋特伍德拖著痠痛的肌肉和腫脹的雙腳走完最後幾步路，抵達最終頂點：卡塔丁山。她在登記處簽下自己的名字，並唱了《美麗的美國》這首歌。走了五個月的路，磨破好幾雙布鞋後，她終於達成了自己的目標。

但蓋特伍德並不滿足於成為第一位獨自走完阿帕拉契山徑的女性。兩年後，她又走了一次——說這次是為了好好享受這趟旅程。於是她成了史上第一位兩度征服阿帕拉契山徑的人。1964年，她又分段走了一次。今日，蓋特伍德奶奶是所有冒險挑戰阿帕拉契山徑漫長路途與嚴峻天氣的人的偶像。她讓他們想到：如果一個有11個孩子、23個孫子的67歲老奶奶能做到，那他們或許也可以。

左頁：艾瑪・蓋特伍德奶奶走在阿帕拉契山徑上。

最上：蓋特伍德5月到9月都走在山徑上，146天內穿壞了六雙鞋。

上：1942年的蓋特伍德，當時她還未踏上她的青史留名之旅。

溫帶居民

古代人類在溫帶地區發展得很好。超過8000年前，美索不達米亞地區誕生一個古文明，美索不達米亞位於西南亞，涵蓋了現今的伊拉克、敘利亞和一部分的伊朗與土耳其，常稱為「文明的搖籃」。雖然說現在這個區域屬於半沙漠氣候，但幾千年前，那裡的氣候比當今溼潤許多。

古代美索不達米亞地區夏天炎熱，有些地方氣溫可高達攝氏43度，不過冬季涼爽多雨。「美索不達米亞」原文的意思是「在兩條河之間」，因為那裡正是底格里斯河和幼發拉底河之間的河谷，每年大雨都使兩河氾濫，給兩河間的河谷覆上一層肥沃的土壤，稱作沉積泥。古人發現這類土壤非常適合種植作物。後來人類慢慢結束採集狩獵的生活模式，聚集在一起，首度展開耕作的生活。

今日，世界各地的溫帶區域都有人住。從地中海沿岸、中亞草原到北美洲山脈，人類在各式各樣的溫帶環境中定居。雖然溫帶算是地球上較溫和的環境，但這並不代表生存都很容易。季節交替的天氣變化也相當劇烈，且溫帶地區也涵蓋許多不同種類的地形，要在這裡生存，人類也需要改變自己的行為，甚至身體機能！

驚人適應力

並非所有溫帶區域都溫和宜居。世界上有許多人住在高聳的山脈中，氣壓低，因此空氣中含氧量也低。要是隨意前往高海拔地區，人可能會有缺氧症（又叫高山症），可能導致頭痛、嘔吐、虛弱和思考障礙等。不過世界各地居住在高山區域的人都不會罹患缺氧症，因為他們都已演化出不同的方法來因應高海拔的生活。

地球上海拔最高的地區是西藏（下）。當地人透過提高呼吸頻率來增加體內的含氧量，同時也具有比較粗的血管，提升氧氣運送到全身的效率。南美洲安地斯山脈的居民呼吸頻率跟平地人一樣，但血液中的血紅素含量較高，而血紅素正是紅血球中運送氧氣的物質。較高的血紅素濃度表示血液可以攜帶較多的氧，讓山區居民可以在一般人類喘不過氣的高海拔區域自在呼吸。

地球上大部分人類都生活在溫帶地區。

以溫帶為家

溫帶居民的日常生活是什麼樣子？

冬下雪

冬天來了，氣溫轉涼，溫帶許多地方颳起了冷風，帶來雪和冰。這樣的狀態會讓室外不宜久留，甚至有些危險。人需要打開暖氣或穿上厚重的衣物保暖，但還是有人懂得在冬季享樂，不畏低溫進行許多戶外活動，包括滑雪、溜冰、玩雪板。對地球上的動植物而言，冬天象徵著春天前的生存考驗。許多樹木會掉光樹葉進入休眠狀態，有些動物則會找個地方冬眠度過寒冬，也有些會遷徙到較溫暖的地方。北半球白天時間最短的一天落在 12 月下旬，那天叫冬至。這天也代表冬天已經過了一半，白天時間會開始愈來愈長。世界許多地方都有慶祝冬至的習俗。

賭你不知道！

雖然大家都說秋天到了，樹葉「變成」橘色、黃色或紅色，但其實這些顏色一直都在葉子裡！所有的綠色植物都含有稱為「類胡蘿蔔素」的化學物質，所以許多蔬菜和水果都帶有顏色（像番茄和胡蘿蔔）。在樹葉中，這些顏色被葉綠素的綠色色素遮蔽覆蓋。當葉綠素分解時，底下的橘紅色調就顯現出來，造就了我們的秋葉美景。

你知道地球的自轉軸有傾角,但是你知道為什麼嗎?專家認為,數十億年前地球還在成形時,曾與巨大的物體相撞,一撞地球的自轉軸就歪了。

春降雨

漫長嚴冬過後,天氣逐漸變暖。春天帶來豐沛的雨水,代表要出動雨衣和靴子了。大量雨水結合融雪可能會導致災難性的洪水,過多的水量會漫出河道。雖然對人類來說有些不便,但3、4月的降雨有助種子扎根、植物生長,提供動物食物來源。所以許多動物會從冬眠中甦醒,或再遷徙回來,通常還會帶著新生的下一代。

秋收割

秋天到了。白天的時間隨著北半球漸漸朝遠離太陽的方向傾斜而愈來愈短,氣溫也開始下降。我們會拿出較厚的外套,有些樹木(如美國梧桐和樺樹)則會開始掉葉子。隨著日照時間變短,光合作用趨緩,樹木會減少葉綠素的生成,而葉綠素正是植物用來轉換陽光生成養分的重要化學物質,也是植物多呈綠色的原因。當葉綠素逐漸消失,葉子開始顯現紅色、橘色和黃色。有些動物開始長出厚毛,為度過寒冬做準備。還有些動物則吃個不停,增加體重準備冬眠。所幸人類和動物在秋天都有許多食物來源,因為春天種植的作物,正好在秋天收成。

夏之樂

6月下旬的夏至這天標記著夏季的開始,也是一年中北半球最偏向太陽的日子。夏天的氣溫是一年當中最高的。氣溫突然飆升會造成熱浪,對人類、動物和植物都是問題。不過溫暖的天氣也有助春天種下的農作物生長。在農業地區,例如美國中西部,農民整個夏天都在田裡工作。由於太陽下山的時間較晚,許多人抓緊機會從事夏季戶外活動,游泳、健行、享受溫暖的天氣。

天空為什麼是藍色的？

陰鬱了好幾天之後，一抹藍天從雲後探出頭來，著實讓人心情愉悅。但你可曾停下腳步，想想天空為什麼是如此耀眼的顏色？又為什麼是藍色而不是粉紅色、黃色或其他顏色？

陽光看起來是白色，但它其實是由彩虹中所有顏色的光混合而成的。你若讓陽光穿透過一個造型特殊的水晶，稱作三稜鏡，就可以看到白光分散成所有的單色光，包括紅色、橘色、黃色、綠色、藍色和紫色等。

當太陽光從遠方射向地球時，會先通過大氣層。大氣層是由氧、氮和其他元素的微小分子組成的，而且也含有其他物質的分子，例如塵埃、煙和霧霾。

光移動的時候，是以光波的方式行進。有些光的波長較短、較多起伏，有些則波長較長、較平緩。光譜中愈靠近紅光那區的光線能量愈低，波長愈長。而靠近藍光區的能量較高，波長較短。當這些光波通過大氣層時，有時會因為撞擊到大氣層中的分子而彈開，偏離軌道。這就叫「散射」。

因為藍光以短波長的波動來回振盪，所以有較高的機會撞擊到大氣層中的粒子，產生散射。它會在各粒子之間不斷反彈，最後抵達你的眼睛。這代表有很多很多的藍光從四面八方進到你的眼睛。也因為進到眼中的藍光太多，擋住了其他星星的光——白天其實也是繁星閃耀的沒錯，只是你看不見而已。這就是天空呈現藍色的原因。

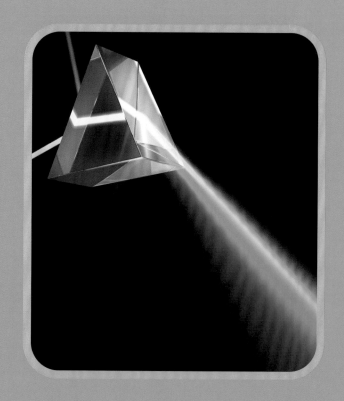

地球的天空是因為有大氣層才會呈現藍色。水星沒有大氣,天空也就沒有顏色。

美國新墨西哥州2014年的阿爾伯克基國際熱氣球嘉年華上,熱氣球紛紛升空。

溫帶動物

地球的溫帶地區有各式各樣的動物，天上飛的、地上爬的、水裡游的，應有盡有。溫帶地區很適合動物生活——直到冬季來臨。這時候，溫度驟降，食物也變得稀少。所以動物都已演化出不同的適應方法來存活。只要熬到春天，天氣就會回暖，植物也會發芽，食物也會再度變得充足。

有些動物乾脆直接睡過冬天那幾個月分，進入類似睡眠的不活動狀態。肺臟、心臟和大腦活動都慢了下來，體溫也下降，哺乳類的這種狀態稱為冬眠，是一種保存能量的方法。土撥鼠的體溫會下降到攝氏5度，每次大約一週，然後甦醒幾天，吃自己儲存的食物，再回到休眠狀態。整個冬天牠們會重複這個循環12到20次。

不像溫血動物，冷血動物需要靠太陽的熱來溫暖自己的身體。當冬天氣溫下降時，牠們會有凍死的風險，所以和哺乳類一樣，許多爬蟲類和兩棲類也會進入休眠狀態過冬。對冷血動物來說，這稱為「冬天不活動」。

也有些動物會逃去別的地方過冬，前往比較溫暖的區域，稱為遷徙。例如南露脊鯨整個夏天都在冰冷的南極海域大量進食，到了冬天就會遷徙去溫帶的智利和阿根廷海岸繁衍。燕子（右）也是世界著名的遷徙家，歐洲有些燕子甚至會日行322公里，前往非洲撒哈拉沙漠以南區域過冬。這趟避冬之旅還真有夠遠！

賭你不知道！

不是只有寒冷地區的動物才會冬眠。熱帶動物，例如馬達加斯加的粗尾侏儒狐猴，在乾季時也會冬眠。在乾燥的澳洲荒野，針鼴會在森林大火後進入一種休眠的狀態，保存能量直到牠們主要的食物來源——螞蟻——東山再起。

針鼴

溫帶動物的生態系很多元，包括草原、山區、森林和海岸棲地。

巴伐利亞森林國家公園中，一隻歐洲棕熊帶著兩隻小熊在巢穴外活動。

為生存放慢腳步：棕熊

一路睡過漫長晦暗的冬日，聽起來似乎是個好點子。不過實際執行起來可沒那麼容易：睡沒多久，你的肚子會開始咕嚕咕嚕叫。你的心臟會變得乏力，肌肉也會萎縮──而且你絕對需要上廁所！不過對棕熊來說，這些都不是問題。

在冬天很冷的地區，棕熊整個秋天都會吃個不停。牠們會刻意增胖，好讓牠們在冬眠的那四到七個月間可以靠囤積的脂肪活下去。這個季節的棕熊一週可以增加14公斤的體重！當寒冬來臨時，養胖的棕熊就會躲進事先找好的岩洞或挖好的樹洞中。

棕熊寶寶都在冬季出生。母熊會短暫地冬眠中醒來生產，接著再回到冬眠狀態。小熊則會在溫暖又安全的巢穴中吃奶，度過冬天。等到天氣在4、5月變暖時，小熊也長得夠大了，可以跟著母親一起踏出巢穴、探索森林。

大部分人說到冬眠就會想到熊，不過科學家並不認為熊的冬季休眠屬於真正的冬眠。「真正的」冬眠者，例如地松鼠和花栗鼠，體溫會降到接近冰點。相較之下，棕熊的體溫只會下降大約攝氏6度。但棕熊的新陳代謝率，也就是身體消耗的能量，卻會下降75%。為了不吃不喝地活下去，棕熊的心臟每分鐘大約只會跳四下。而且與其他哺乳類不同的是，棕熊整個冬天都不會醒來上廁所。

科：	熊科（Ursidae）
其他俗名：	在北美洲，有些被稱作灰熊
學名：	*Ursus arctos*
體型：	可達318公斤
食物：	草、樹根、莓果、昆蟲、魚、哺乳類和腐肉
棲地：	溫帶森林
分布範圍：	北美洲、歐洲和亞洲

賭你不知道！

有些動物的冬眠相當極端！當冬天到來，木蛙的身體會慢慢結凍，心跳停止、各器官停止運作、血液結冰，不過青蛙本身並沒有死。當春天回暖時，牠的身體會解凍，各項機能慢慢恢復運作，不用多久就又活跳跳了！

晝伏夜出

對人類來說，晚上是休息和睡眠的時間。不過不論是為了避免白天的炎熱，還是利用夜色的掩護狩獵覓食，世界上也許多生物過著晝伏夜出的生活。

避光鼠耳蝠

蝙蝠是最著名的夜行性動物，也是唯一可以飛行的哺乳類。避光鼠耳蝠夜間出沒找昆蟲吃，食物在溫帶地區很充裕。要能在夜間狩獵，蝙蝠需要依靠第六感：回音定位，也就是發出高頻叫聲，然後接收聲波碰到周遭物體後反彈回來的音訊。蝙蝠是狩獵高手，一隻蝙蝠一個小時可以吃掉1000隻蚊子！

豪豬

這種多刺的齧齒動物分布於亞洲、南歐、非洲和南北美洲的溫帶與熱帶，身上長著尖刺（又叫「棘」），像天然的盔甲，讓捕食者在撲向這隻渾身帶刺的齧齒類之前不得不三思。牠們白天睡覺避暑，晚上才出來覓食，找尋堅果、樹皮、種子、樹葉和水果等。

歐洲獾

黑白相間的歐洲獾是英國最大的陸上捕食者，冬天氣溫下降時會變得較不活躍。但牠不是真正的冬眠者，只要氣溫沒這麼低，就會趁著夜色出來覓食，從植物到小型哺乳類都吃。但歐洲獾最愛的食物是蚯蚓，一隻成年歐洲獾一個晚上就能吃掉 200 隻！

無尾熊

澳洲的高溫有時也相當難耐。正因如此，無尾熊多半在夜間活動——如果有活動的話！這種有袋動物每天都要睡上大約 14.5 個小時，另外再花 5 個小時休息。但這不是因為無尾熊懶惰，而是消化尤加利樹葉需要花很多力氣。

奇異鳥

這種毛茸茸的棕色鳥類原生於紐西蘭，鼻孔位於鳥喙尖端——方便牠們嗅出躲在土裡的蠕蟲、甲蟲幼蟲和其他無脊椎動物，多於夜間覓食。雖然現代奇異鳥在牠們的島嶼家鄉已經沒有天敵，但專家認為，牠們發展出夜行習慣是為了避免跟恐鳥競爭。恐鳥是一種無法飛行、現已滅絕的鳥類，可長到 3.6 公尺高。今日，許多種類的奇異鳥也面臨滅絕的風險，而氣候變遷造成的升溫讓牠們承受更大的生存壓力。

絕美遷徙家：大樺斑蝶

許多動物都會遷徙到較溫暖的地方過冬。不過地球上最美麗的遷徙家應該就是黑橘相間的大樺斑蝶了。

每到秋天，當氣溫開始下降，就會有數以百萬計的大樺斑蝶飛上天空。牠們只靠脆弱的翅膀前進，卻飛得比許多強健得多的遷徙者還要遠，從美國和加拿大東北方的繁殖地移動超過4828公里，來到墨西哥西南部過冬。

這麼嬌弱的生物要移動這麼遠，就已經夠讓人稱奇了。不過大樺斑蝶的遷徙還有另一件更加不可思議的事：不像鳥類或牛羚每年都會走一次相同的路線，蝴蝶的生命週期太短，一隻蝴蝶不可能走完全程。因此，一趟旅程是好幾代的蝴蝶接力完成的。即使沒有前一段旅行的記憶，也沒有有經驗的旅伴引導，大樺斑蝶群卻還是每年都循著與祖先類似的路徑飛，有時甚至還會回到同一棵樹上！大樺斑蝶究竟如何知道該何時起身、往何處去，至今仍是科學家努力想解開的謎。

科：	蛺蝶科（Nymphalidae）
學名：	*Danaus plexippus plexippus*
體型：	翼展約8.9到10.2公分
食物：	毛毛蟲階段只吃乳草類植物，成蝶後吃花蜜。
棲地：	沼澤和山區
分布範圍：	北美洲

賭你不知道！

大樺斑蝶跟大部分蝴蝶一樣，對天氣和氣候都非常敏感。牠們會根據氣溫變化來決定何時該繁衍、遷徙和休眠。

狐狸、郊狼、大山貓和某些猛禽都會捕食雪鞋野兔。

近在眼前：
雪鞋野兔

雪鞋野兔擁有一雙毛茸茸的大腳。牠小心翼翼地跳過粉狀的雪地，鼻子抽動著。牠正在找尋宵夜——灌木、青草和其他植物，一邊注意附近有沒有想把牠當晚餐吃掉的諸多捕食者，包括大山貓、狐狸和郊狼。不過所幸有一身潔白如雪的毛，在雪地中要發現牠很不容易！

雪鞋野兔生活在北美洲的森林棲地中，南起維吉尼亞州和新墨西哥州，北至北冰洋沿岸都有牠們的蹤跡。在野兔分布範圍的北方，雪白的毛皮有助牠們融入雪景。不過這隻毛茸茸的動物還有另一項技倆：當天氣變暖、春到雪融時，牠就會褪掉白毛，換上一身棕色的毛髮。

雪鞋野兔一般需要花十週才能完全換好毛色。牠們是溫帶地區具有這種能力的幾十種動物之一，其他還有白鼬（一種貂）和雷鳥等。幾個世紀以來，科學家都對這項技能很著迷。但現在他們又有了一個感興趣的新理由：氣候變遷導致每年的融雪時間縮短並提前，讓原本應該白雪覆蓋的區域變成棕色。要是野兔沒辦法順應氣候變遷、調整步調，在春天早點換掉一身白毛，並延後自己秋天毛色由棕轉白的時機，牠們就會失去保護色的掩護，容易被捕食者發現。和許多面對氣候變遷的生物一樣，雪鞋野兔的生存也取決於牠們跟著地球改變的能力。

科：	兔科（Leporidae）
其他俗名：	雪鞋兔
學名：	*Lepus americanus*
體型：	0.9到1.8公斤
食物：	植物
棲地：	溫帶林與寒帶林
分布範圍：	北美洲

賭你不知道！

2018年，科學家發現有些雪鞋野兔全年都維持著夏季的棕色毛。分析基因後，科學家斷定牠們的親代曾經跟沒有變換毛色能力的黑尾傑克兔交配，因此牠們就失去了在冬天換上白毛的能力！

超大逐日者：
美國短吻鱷

在溫暖的月分，美國東南部的水邊到處可見短吻鱷的蹤跡。這種冷血動物需要靠太陽的熱能來維持自身體溫，那麼住在溫帶的短吻鱷要怎麼過冬呢？

要適應季節更替，短吻鱷會進入一種類似冬眠的冬天不活動狀態。有些會躲在河堤湖岸的窩裡，有些會藏在沼澤底部。當太陽照到牠們身上時，牠們就會活動起來，趁這段時間狩獵覓食。到了晚上，水會變涼，這時短吻鱷的呼吸和代謝率就會暫時放慢。冬天不活動的時間長短不一，有時只維持一個晚上，太陽出來以後就結束，但有時又能維持整個冬季。短吻鱷甚至可以靠這種方法在攝氏零下的低溫生存：就在水面結冰以前，牠們會把鼻孔伸出水面，確保可以持續呼吸。接著牠們就進入冬天不活動狀態，等到冰融化時再甦醒過來。

短吻鱷花了很長的時間調整自己的生存策略。牠們是地球上少數幾個1億5000萬年來都幾乎沒有改變的物種之一。牠們曾與恐龍共存於地球上，並且在6500萬年前那次造成大部分恐龍死亡的大滅絕中活了下來。雖然在陸地上很笨拙，不過短吻鱷卻非常適合水中生活。牠們會運用巨大的顎部和絕佳的游泳技巧獵食任何牠們抓得到的東西，從魚類、烏龜、蛇到小型哺乳動物都有。

科：	短吻鱷科（Alligatoridae）
學名：	*Alligator mississippiensis*
體型：	4.6公尺
食物：	各種動物，包括無脊椎動物、魚類、烏龜、蛇、鳥類、兩棲類和哺乳類
棲地：	河流、湖泊、林澤、草澤
分布範圍：	美國東南部

長吻鱷

短吻鱷

賭你不知道！

美國佛羅里達州的艾弗格雷茲沼澤是地球上唯一可以同時看見長吻鱷和短吻鱷的地方。這兩種驚人的爬蟲類常讓人傻傻分不清，但只要觀察兩個重點就能輕鬆辨別：口鼻部和笑容！短吻鱷的口鼻部較短、較圓，長吻鱷則較長、較尖。當短吻鱷閉上嘴巴時，你看不見牠的牙齒，但當長吻鱷閉上嘴時，牠的後排牙齒會超過牠的上嘴唇露出來。

紅狐會把自己濃密、毛茸茸的尾巴當毯子用，天冷時保暖。

雪地追蹤大師：紅狐

紅狐站在雪地上，側耳傾聽。牠把耳朵轉向前方，頭部前後擺動。 接著牠突然使勁，高高躍起，再頭部朝下直直鑽入雪堆。再度現身時，牠嘴裡多了一隻老鼠。吃晚餐囉！

在寓言故事中，狐狸是聰明的動物，總把其他動物耍得團團轉。而事實也相去不遠。紅狐的蹤跡遍及世界各地的各種溫帶氣候區，包括森林、山區、草原，甚至是沙漠。紅狐是獨居的捕食者，基本上什麼都吃，植物、魚、蟲等都是食物。由於具有驚人的適應力，牠能生存於各種環境，也因此有了聰明狡詐的形象。

紅狐的冬季狩獵習性就是個例子。當積雪很深時，獵物都躲在雪底下，這代表許多動物都得餓肚子。不過因為紅狐能聽見低頻率的聲音，即使是小型哺乳類躲在1公尺深的積雪底下活動，牠們還是能聽得清清楚楚。不過要狩獵成功，只有好聽力是不夠的。2010年科學家發現，紅狐這種鑽入積雪的狩獵方式只有在牠們面對東北方或西南方的時候才能成功，且幾乎屢試不爽。專家推測這是因為紅狐能感覺到地球磁場。他們認為狐狸把地球磁場當成了一種測距儀來使用，協助牠們估計自己與獵物的距離，進而調整自己的撲擊軌跡。許多動物都能感覺到地球磁場，包括鯊魚和牛。不過如果科學家想的沒錯，那麼紅狐就是目前已知唯一一種會利用地球磁場來狩獵的動物。還真是個聰明的季節性狩獵策略！

科：	犬科（Canidae）
學名：	*Vulpes vulpes*
體型：	3到11公斤
食物：	從植物到人類的垃圾，幾乎什麼都吃
棲地：	各種棲地，包括森林、草原、山區和沙漠
分布範圍：	北半球各地

紅狐察覺積雪下有東西在活動……

……於是一頭鑽入雪中，抓住晚餐。

第十一章
天氣與氣候變遷

世界愈來愈熱。科學家預測，下個世紀地球將面臨過去200萬年來從未經歷過的快速增溫，比過去快上約20倍。而科學家也擔憂，這類快速的氣候變遷也會讓地球的天氣愈來愈極端：部分地區乾旱惡化，有些地方豪雨成災，另外還有增強的風暴、颱風與颶風。不論是人還是其他生物，現在都已經開始應付氣候變遷帶來的天氣效應。我們的未來究竟會怎麼樣呢？

2014年4月，某個星期日的下午1點到隔天星期一的上午8點之間，美國堪薩斯州威奇托的溫度下降了攝氏27.7度。天氣的突然波動，包括熱天突然變冷，都跟全球暖化有關。

暖化中的世界

大家都知道天氣一直在變。很可能某一天氣溫低於冰點，隔天又暖到可以穿短袖！那麼氣候變遷有什麼大不了？

請記得，氣候跟天氣是兩回事。天氣是指短時間內特定區域的大氣狀態，而氣候則是指長時間特定區域內的平均天氣狀態。因此當有人在談氣候變遷，他們指的是全球長期的氣候變化。專家之所以那麼關注氣候變遷，是因為地球的全球氣候正在暖化。從19世紀末到現在，地表平均氣溫已經上升了攝氏0.9度。

看起來似乎不多。畢竟現在室外氣溫若是改變了攝氏0.9度，你可能根本不會察覺！不過讓專家緊張的是溫度改變的速度。

現在地球增溫的速度是專家運用歷史資料估計的氣溫改變速度的十倍。地球的暖化現象大多集中在最近這幾十年，而有史以來的最高溫紀錄都發生於2010年以後。幾乎每年的最高溫月分都會再創新高。只要溫度上升，冰川就會融化，海平面就會上升，森林就會死亡。而多餘的熱也會影響全球的天氣分布。這關係到地球上的所有生物——包括人類。

這一切究竟是怎麼發生的？

大約從 1750 年左右開始，人類社會歷經了一場劇烈的變化。在這之前，大部分人都還是自己種植作物、自己動手製作工具和日常用品。不過後來，人類就發明了新型機具來製造商品，並且運送到全世界。機具大多是靠燃燒化石燃料（例如煤、石油、天然氣）來發動的，這場變革叫工業革命，形塑了現代世界的模樣，也便利了人類的生活。但現在科學家了解到，燃燒化石燃料會釋放氣體到大氣層中。而釋出的氣體就像一張透明的毯子，把來自太陽的熱留在地球，導致地球升溫，稱為溫室效應。而其他的人類活動，例如農耕和毀林，也會讓地球加速升溫。

變動的氣候，變動的地球

從某個角度來說，氣候變遷不是什麼新鮮事：在地球幾十億年的歲月裡，氣溫已經升升降降了好幾次。不過當今發生的氣候變遷模式卻與過去非常不同。

例如，在古新世和始新世，也就是大約6600萬到3400萬年前，地球氣溫相當高。南北兩極沒有冰冠，今日寒冷的北極圈內還有棕櫚樹和鱷魚。而在大約7億年的前寒武紀，地球溫度極低。科學家認為，當時從極區到赤道全部被冰雪覆蓋，就像一顆巨型雪球。

地球史上的高溫期稱為間冰期，而低溫期則稱為冰河期，通常一個循環需要10萬年。在過去，地球的暖化是照射到地表的太陽光微微增加所引發的，氣溫上升後又導致海洋釋出大量二氧化碳，進一步加強了暖化效果。但現在的氣候變遷發生的速度實在太快。科學家認為，現在地球暖化的速度是過去百萬年來從未見過的。

氣候變遷的結果不只是氣溫上升而已。它還有許多改變地球的副作用。其一就是地球冰層融化：格陵蘭的冰層在1993到2016年間，平均每年減少2530億公噸，而同一時期的南極冰層也損失了大約1080億公噸的冰。阿爾卑斯山、喜馬拉雅山、洛磯山脈和世界其他地區的冰川也都在消減中，冰層融化再加上海水溫度上升，導致全球海平面在過去100年間上升了10到20公分。又因為這些變化，全球的天氣模式也開始改變了。

古代天氣從何得知？

大約從 1880 年開始，人類才有了詳細記錄全球各地天氣的習慣。那麼我們怎麼知道當今的氣候變遷模式有點不尋常呢？

為了一窺地球氣候的歷史，觀察自古以來地球的氣候變化，科學家必須發揮創意。其中一個方法是鑽進冰川取出冰芯，也就是取出冰川形成初期的古代冰樣本。樣本中保存著許多當時地球大氣中漂浮的物質，包括氣泡、火山噴發的火山灰和森林大火產生的煤煙等，提供科學家各式線索推斷當時的氣候模式。氣候科學家也會觀察年輪，也就是樹幹橫剖面的同心圓模式，來獲得過去幾年的氣溫和降雨量等資訊。利用這類資訊，科學家就能得到一份地球幾千年來的詳細氣候記錄。

科學家於南極洲測量羅斯海的海平面高度。

要是格陵蘭的冰層全部融化，世界的海平面大約會上升6公尺。

冰川崩解是指一大塊冰從冰川邊緣碎裂墜落。圖中是阿拉斯加通加斯國家森林的道斯冰川，從61公尺高的冰壁崩解。

極端的未來

地球變得比較溫暖聽起來好像沒多糟。要是冬天別這麼冷,讓大家夏天的衣服可以穿久一點,可能甚至不錯!不幸的是,氣溫上升對地球而言並不代表氣候較宜人。事實上科學家預測,氣候變遷會讓我們的天氣變得更極端,且更加難以預測。

更多的熱浪、乾旱和野火

隨著地球氣溫上升,水分的蒸發作用會加強,造成地球上某些區域缺水、溫度升高,導致乾旱。2011年德州遭遇有史以來最高溫的夏天,許多區域連續100天氣溫超過攝氏38度。又熱又乾的環境影響了玉米的收成,導致食物價格飆升。乾旱也會把灌木叢都烤乾,變成易燃物,而使野火加劇。現在的野火發生頻率是1970年代的五倍。

2018年年底發生於美國加州的伍爾西野火吞沒了數萬英畝的土地,也燒毀了許多家園。

更多降雨與洪水

由於水的蒸發量增加，大氣中所含的水量也跟著增加。這麼多的水一定需要找到出口，所以就以額外降水量的方式降到地面。在美國的西北太平洋岸，過去60年間的豪雨事件增加了70%。隨著雨量增加，洪水的發生率也提高了。從1980到2009年間，全球共有超過50萬人死於洪災，專家擔憂洪水的傷害未來會更嚴重。

2009年，英國的昆布利亞郡24小時內降下310毫米的雨量，導致前所未見的大洪水。

雪暴

暴風雪是地球上一種正常的天氣型態。不過正如同由於全球升溫導致降雨量增加一樣，大氣中含有較多水氣也會增加冬季風暴中的降雪量。自1950年代起，冬季風暴的發生頻率愈來愈高，強度也愈來愈大。

2017年8月，哈維颶風重創美國德州的洛克波特，毀損許多建築物，如圖中所示。

颶風愈來愈強

空氣與海洋溫度升高，代表累積更多的能量——這種能量正是風暴生成的動力。科學家還不知道全球溫度上升會不會使風暴的發生頻率增加。但他們倒是認為溫度上升可能會使風暴增強——挾帶更大的雨勢與更快的風速。20世紀末，與2017年的哈維颶風同等級的颶風大約100年才會有一次。不過專家認為，現在大約每16年就會有一次。

動物與氣候變遷

海冰面積縮小、海洋暖化以及天氣模式改變，已經影響了地球各地的生物，以下列舉一些專家認為最受氣候變遷影響的動物。

北極熊

北極圈的暖化速度比其他地方都快，每十年海冰面積就減少14%。北極熊需要靠海冰來獵海豹，會趁海豹浮上海冰的呼吸孔換氣時捕捉。現在海冰在春天比較早融化、在秋天則較晚形成，因此某些北極熊只能游泳或步行很長的距離才能找到海冰。過去十年間，加拿大北部波福海一帶的北極熊數量已經減少了40%。

紅毛猩猩

紅毛猩猩本就已經是地球上最受威脅的物種之一：野生族群只生活在印尼的蘇門答臘島和婆羅洲，又因人類遷入，砍伐熱帶森林、破壞棲地，牠們面臨著滅絕的危險。現在專家認為，氣候變遷也會給紅毛猩猩帶來嚴重的危機，因為降雨模式改變，導致牠們賴以維生的水果和樹葉歉收。基於這種種威脅，自1999年到2015年間，婆羅洲的紅毛猩猩數量已經減半。

海龜

每年海龜都必須回到牠們出生的沙灘上產卵，而沙子的溫度非常重要。和其他許多爬蟲類一樣，環境溫度會決定海龜寶寶的性別。如果溫度大約落在攝氏29度左右，就可預期孵出同樣數量的雌雄海龜寶寶。但要是溫度提高，就會大幅增加雌海龜孵化的比例。而如果海中大部分海龜都是母的，就會無法繁衍，對生物的長期繁盛不是好事。2018年科學家研究發現，澳洲大堡礁附近的一座沙灘孵出來的綠蠵龜99%都是母的。

珊瑚

珊瑚不只是繽紛的海底裝飾品：牠是個活生生的物種。牠們是一種微小的動物，外觀有點像迷你版的水母，一開始是漂浮在海中，直到找到合適的硬表面（例如珊瑚礁）來附著，然後就會長出外骨骼並住在其中。珊瑚礁正是由數百萬個像這樣的單一珊瑚結合而成的。不過珊瑚對高溫海水非常敏感，專家預測要是全球暖化持續加劇，許多珊瑚礁（包括世界最大的大堡礁）將無一倖免。

氣候變遷下的生存策略

氣候變遷讓地球許多生物都愈來愈難生存，不過有些生物卻覺得地球升溫是件好事。在美國科羅拉多州部分地區，土撥鼠的平均體重比 30 年前增加了 0.45 公斤。專家認為氣候變遷應該是背後原因。土撥鼠是有毛的囓齒類，整個冬天都在冬眠，等到春天到了才會從地洞中現身。

過去 30 年來，平均每年春天都提早一天到來，因此土撥鼠每年都有更長的時間可以進食，儲存更多脂肪，幫助牠們度過下一個冬天。不過科學家認為土撥鼠只是獲得短暫的益處：如氣溫不斷攀升，則會導致當地乾旱情況加劇，讓土撥鼠難以生存。

人類與氣候變遷

地球暖化並不是只會對野生動物造成問題。氣候變遷也影響到人類的生活。以下是人在持續暖化的世界中正要開始面對的幾個情況。

氣溫不斷上升

過去30到40年來，全球各地的熱浪變得愈來愈頻繁而劇烈。世界有超過30%的人口都已受到熱浪的威脅，而且科學證據顯示要是全球升溫趨勢不減，熱浪的威脅還會持續下去。對病人和老人來說，高溫可能會致命。

水資源不足

水是地球上最珍貴的資源。有些地區——例如南非的開普敦——都已經面臨嚴重的缺水問題。自2015年以來，人口400萬的開普敦每年的降雨量都只有往常的一半左右。隨著世界溫度不斷攀升，專家認為乾旱會更加嚴重。本來就很乾燥的地區，例如美國南部，很可能會變得更為乾燥。

SERIOUS DROUGHT
SAVE WATER NOW
EVERY DROP COUNTS

空氣品質

很多大城市上空都飄浮著棕色的霧霾。霧霾又叫臭氧汙染，源自汽機車、工廠、汽油和塗料，會因氣溫升高而加劇，因為高溫會使空氣留在同一個區域。2014到2016年間，也就是地球出現史上最高溫的那幾年，也是臭氧汙染最嚴重的時候。空氣品質差會導致健康問題，包括心臟與呼吸系統疾病等，而有氣喘、肺氣腫和慢性阻塞性肺病的患者，受空氣汙染危害更大，特別容易受到空氣汙染的危害。

農業與食物

農人需要宜人的氣候才能種植作物，供應世界所需的糧食。由於氣候變遷帶來熱浪、乾旱、洪水和許多極端天氣事件，農作物收成減少。2011年墨西哥遭遇前所未有的乾旱，導致超過80萬9000公頃的農地歉收。

疾病

科學家擔憂全球暖化會提高某些疾病的罹患率，如瘧疾、登革熱和西尼羅病毒，因為這些疾病都是由蚊子傳播，而蚊子最喜歡溫暖潮溼的環境。隨著世界愈來愈多地方變得適合蚊子存活，人類也更容易罹患蚊子傳播的疾病。且專家發現，蚊子傳播的疾病已經開始在某些原本沒有這些疾病的地區出現。

消失中的地方

隨著全球增溫，海平面上升、冰川融化，
地球的地貌將會受到重塑。專家預測，如果當前
的氣候模式持續，地球上有些角落會就此完全消失。

美國蒙大拿州冰川國家公園

每年有超過 300 萬遊客造訪這座國家公園，享受鬱
鬱蔥蔥的森林、晶瑩清澈的湖水，以及絕對不能錯
過的冰川。但從 1966 年起，由於氣溫不斷上升，園
內有 39 條冰川已經大幅縮水——有些甚至縮了多達
85%。科學家預測，可能到本世紀末，園內就不會有
任何冰川存在了。

美國佛羅里達州基威斯特

這一大片陽光明媚的佛羅里達州海岸線，以柔和淡雅的建築和絕佳
的浮潛景點聞名。不過，海平面上升讓這片沿海社區處於很大的危
險之中。專家預測，那裡的海平面在未來 30 年左右會上升 38 公分，
而愈來愈危險的颶風（例如 2017 年的伊爾瑪颶風）則會重創這片浸
在水中的區域。

義大利威尼斯

公元 5 世紀，侵略者來襲，居民只好逃離位於義大利本土的家園。他們在亞德里亞海上一片由 118 座小島組成的沼澤低地落腳。今日的威尼斯看起來就像浮在水上，波浪拍打著古老建物的地基，當地人在運河上以船代步。不過隨著海平面上升，這個地勢低窪的城市正在消失中：過去 100 年間，威尼斯已經沒入水中 12.7 公分，有專家認為在下個世紀間，威尼斯將不復存在。

南美洲亞馬遜雨林

亞馬遜雨林是地球最大的雨林，世界上有一半的熱帶森林都在這裡，且地球上的已知物種有十分之一都以此為家。不過因為氣候變遷加上人類濫伐，亞馬遜雨林面臨著莫大的浩劫。科學家認為，在下個世紀，氣候變遷導致降雨量不足，將青翠的雨林變成稀樹草原，亞馬遜雨林的面積可能會縮小 85% 之多。

印度洋馬爾地夫群島

馬爾地夫是個熱帶天堂，以湛藍的潟湖與豐富的珊瑚礁生態聞名世界。事實上，馬爾地夫就是個建在珊瑚礁上的國家，由超過 1000 個珊瑚礁島嶼組成，是全世界地勢最低的國家，大部分國土海拔都只有 1 公尺左右。自 1950 年代起，當地海平面每年平均上升 1.5 公釐，而加劇的洪患也曾迫使居民撤離。專家認為，馬爾地夫很可能在本世紀末之前就全部沒入海中。

採取行動

氣候變遷是個很棘手的問題。但值得慶幸的是，有人願意挺身面對挑戰。以下是一些人類對抗氣候變遷——並且成功——的故事。

新能源

催化工業革命的機械靠燃燒化石燃料獲得能量，而至今化石燃料仍占工業化已開發國家能源比例的80%。不過這個現況正在逐漸改變當中。許多國家都表達了讓化石燃料退場的決心，轉而以再生能源（例如風力和水力）作為國家能源來源。2017年，哥斯大黎加全國有超過300天只使用再生能源，而同一年的2月22日，丹麥成功地單憑風力發電供給全國當日所需的電力。

拯救森林

二氧化碳是一種溫室氣體，存在於地球大氣中，不斷加速全球暖化。但植物可以吸收大氣中的二氧化碳，用以產生能量來長新葉、新芽、扎根。因此地球茂盛的熱帶森林有能力儲存大量的二氧化碳，進而減緩溫室效應。由於人類毀林，讓森林面積連年縮減，大部分的熱帶森林現在都面臨巨大的危

機。但2017年，印尼熱帶森林的減少量下降了60%。要是其他國家也能跟進，熱帶雨林就能繼續擔任地球的空氣清淨機。

生物回歸

在歐洲人抵達北美洲之前，有多達4億隻海狸分布在美洲大陸60%的土地上。根據估計，牠們的數量到了1900年竟已經減少到10萬隻。後來專家開始了解到，海狸對生態系的健全至關重要：牠們建的水壩有助過濾汙染物、儲存農耕用水，還能減緩洪水蔓延。現在保育人士已經成功地將海狸重新引進牠們的部分舊有棲地。2006年，紐約的布朗克斯河甚至出現200年來第一隻定居的海狸。

未來農業

薩赫爾是一片位於非洲撒哈拉沙漠南邊的乾燥地區，從大西洋到印度洋綿延5400公里。當地降雨稀少、乾旱頻傳，而氣候變遷又讓情況更為嚴峻。到了20世紀中期，人類世代賴以維生的農地也開始沙漠化。當地農民決定採取行動。他們建造石牆留住水源，把一度堅硬的土地變成栽種區。他們的努力獲得了回報：原本焦黃的土地如今已再次恢復綠意。到了2004年，有個地區——津德爾河谷——的樹木量已經達到1975年時的50倍。

我們可以做什麼？

你也許會覺得自己協助阻止氣候變遷的能力很有限。許多能帶來改變的作為——例如買車時選擇省油車或在屋頂架設太陽能板——都要等到成年才能執行。不過現在也有一些你能做的事。其中最重要的就是減少你的碳足跡，也就是所有因為使用能源而釋出的二氧化碳量，包括交通、用電、食物和衣服等。你可以在使用完電視、電腦和電燈後記得關掉，也可以把舊式的白熾燈泡換成節能燈泡。交通方式可以放棄坐車，改成走路或騎腳踏車。如果距離較遠，可以設法安排共乘。還有外出記得帶水壺，不要買瓶裝水。這些只是你能為對抗地球氣候變遷而做的少數幾件事。你能想到更多嗎？

第十二章
天氣異象

抓緊你的傘。如果你覺得沙暴和閃電很奇怪，翻了頁你就會知道什麼才叫怪。地球的某些天氣現象是真的很離譜，例如乾燥的沙漠中永遠到不了的水潭，晚上才能看到的彩虹，還有火焰構成的龍捲風。這些天氣現象實在太怪，幾乎讓人不可置信。

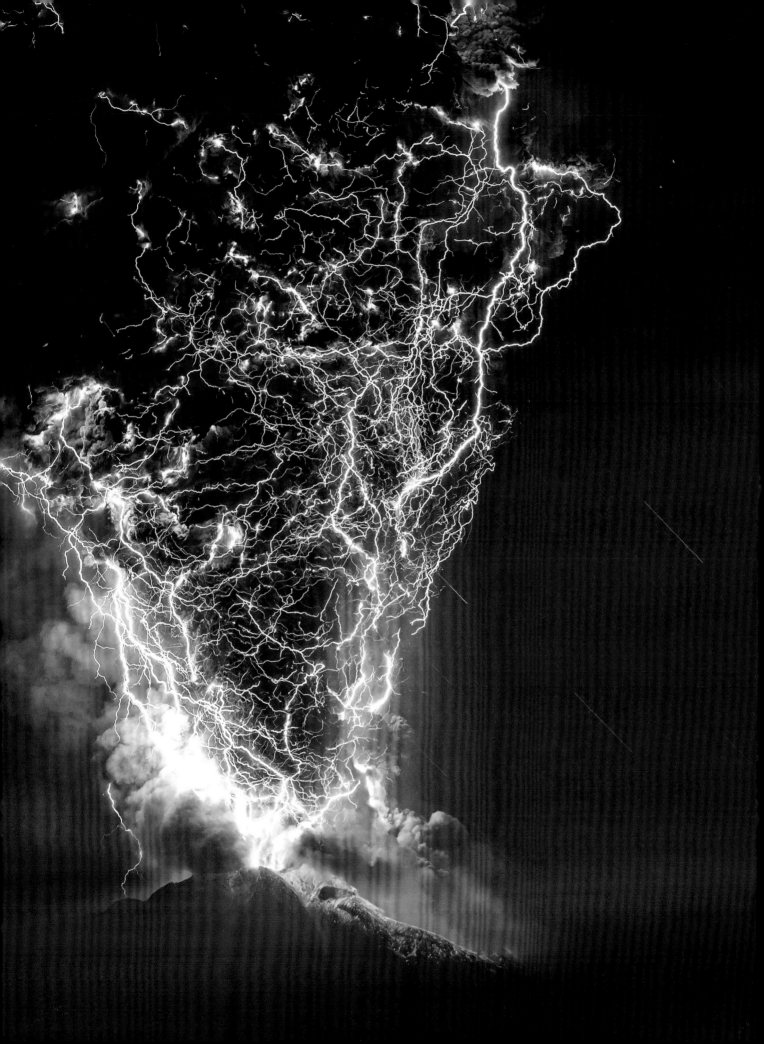

你好像有幻覺：蜃景

想像自己走在沙漠中，又熱又渴。突然你看到遠處閃著波光：是水，你獲救了！沁涼湛藍，在沙漠中閃耀著誘人的光彩。但當你往前移動，卻發現它消失了。事實上那根本不是水，只是人稱海市蜃樓的蜃景。

你可能會認為看到海市蜃樓的人一定是有幻覺。不過蜃景其實是一種光學假象，是因為光線折射或溫差導致光的行進方向改變而產生的科學現象。通常太陽光的光波都是以直線行進，穿過大氣層進到你的眼中。不過如果地面非常高溫，空氣涼爽，高溫的地面就可能加熱空氣，在接近地面處形成一層暖空氣。當光線通過加溫的空氣層時，會先向下折射，接著轉個180度的彎，進到你的眼中。這時你的眼睛就會在地上看見天空的影像。由於你的大腦不曉得這道光有經過折射，所以你會認為，眼前這一小塊天空一定是一個水窪。這種效應稱為「下蜃景」，有時會讓人一頭霧水！

蜃景並不是看起來都像沙漠中的水窪。也有一種相反的效應，稱為「上蜃景」，發生條件是接近地面的空氣溫度較低，溫暖的空氣在上方（見圖表）。這會使光線在進入你的眼睛之前向下而不是向上折射，讓地面的物體看起來比原本的位置高，彷彿飄在空中。上蜃景能會讓遠方的船隻看起來好像浮在空中。另外還有一種複雜的蜃景叫「法達摩加納」（海市蜃樓），會讓遠方的物體極度扭曲，例如讓遠方平直的海岸線可能看起來彷彿有高聳的峭壁和山巒。

地理誤差

蜃景對早期探險家來說相當令人困惑。1818年，英國探險家約翰·羅斯正在尋找西北航道，也就是經由北冰洋前往太平洋的通道。當他進入加拿大的蘭開斯特海峽時，他發現有一條巨大的山脈阻擋了海峽，於是決定掉頭。羅斯甚至給這座山脈取了名字：克羅科爾山。不過後來的遠征隊發現，這座山脈根本不存在。羅斯被一個上蜃景給騙了！

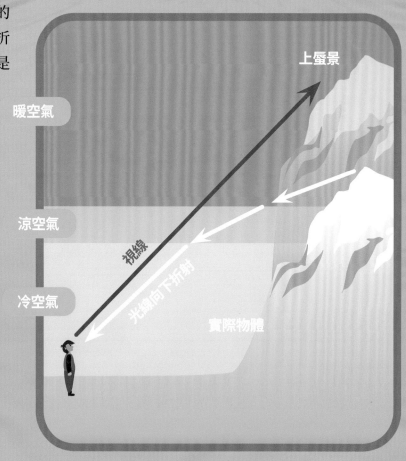

上蜃景

暖空氣

涼空氣

冷空氣

視線

光線向下折射

實際物體

觀察下蜃景最好的地點就是在一條熾熱的馬路上。

空中的火光：愛摩火

如果你搭飛機飛在1萬1278公尺的高空，看到機翼周圍有電光跳躍，你可能會覺得自己有了幻覺。不過你看到的只是一種非常罕見（但很正常）的天氣現象，叫「愛摩火」。

這種現象是以水手的守護聖人——福爾米亞的聖伊拉斯姆斯——命名的。水手是最早發現這種現象的人，他們常在遭遇海上雷暴時在桅杆頂端看見這種電光。但水手不會棄船，而是把它視為守護聖人傳來的好兆頭，因為它通常代表雷暴快要平息了。

和閃電一樣，愛摩火也是自然發生於雷暴中，這時風暴底下的地表帶電，而雲與地之間的空氣又帶有很強的電壓。電壓會分解空氣分子、使它們發光，變成一種發光的氣體，稱為電漿。霓虹燈裡面的空氣就是這樣發光的——只不過愛摩火是發生在開闊的空中。

愛摩火不是只會出現在桅杆頂端和飛機外部（飛機的設計會把電安全地從飛機內部引開）。發生強烈雷暴時，它也能在地面發生，經常出現在尖銳的物體尖端（例如教堂的尖塔）。甚至還有人看過它出現在人身上！雖然很神奇，但你若看見愛摩火，還是要趕緊找個安全的地方躲避。愛摩火本身雖然不危險，但它卻意味著當地帶電量很高，表示閃電隨時可能落下。

由於大氣中的氧氣和氮氣，愛摩火會呈現藍光或紫光。

怪奇 水現象

濤天巨浪、水下垂冰柱、海中的神祕閃光……有時候，天氣條件就是剛好可以創造出一些超級怪異的水現象。你有看過嗎？

冷凍火泡泡

這些水面下的冷凍泡泡很迷人——但小心別太靠近！當枯葉和其他物質沉到水底時，飢餓的細菌會把它們吃掉，然後釋放出甲烷，形成氣泡往上冒。在冬天，這些氣泡會在接近低溫的水面時結凍。研究人員擔心地球暖化會讓湖泊釋出更多的甲烷。為了證實這個想法，科學家採取大膽的做法：把這些氣泡戳破然後點火，看看裡面的氣體是什麼成分！

海水冰柱

你可能曾在寒流過後看到垂掛在屋簷下的一支支冰柱。不過你知道嗎？同樣的現象也能在水裡發生。困在海冰中的超冷鹹水會往下穿破冰層、進入溫暖得多的海水中。往下的過程裡，這根「海水冰柱」會使它接觸到的海水凍結，形成一根愈來愈長的冰管。任何東西只要被這根冰柱碰到——例如倒楣的海星——都會瞬間死亡。也因為這樣，海水冰柱又叫「死亡冰柱」。

霜花

仲冬的北冰洋大概是最不可能看到花朵綻放的地方。不過那正是你會看到的——好啦,只能說幾乎是:霜花不是真正的庭園花朵,而是一種脆弱的冰結構。當海冰上方的冷空氣含水量達到飽和,就能形成霜花。海冰上微小的凹凸面會開始結霜,隨著霜晶累積,就會長出一片冰之花園。

幽靈蘋果

2019 年,一場寒流侵襲美國密西根州西部。有個男子在修剪果樹時發現了一個奇特的現象:凍雨和低溫把未採摘的蘋果變成了糊狀,果泥從底部流出後,就留下了幽靈般的冰殼。

綠閃光

海灘客會在日落時分湧向海邊,希望可以一睹奇幻的海洋現象:綠閃光。想看到它,必須等到太陽幾乎完全沒入海平線之下、只剩最上緣隱約可見的時候。就在它完全沒入前一兩秒,太陽可能會呈現綠色。綠閃光肇因於日落時分光線在大氣中的折射方式。水氣會吸收白色日光中的黃光和橘光,而空氣分子會散射紫光,最後能抵達你眼睛的只剩下紅光和綠光。

旋轉的火焰：火龍捲

世界上少有幾種自然現象比野火更嚇人。一道道火牆橫掃大片土地，所經之處一片荒蕪。不過野火中還有一種罕見現象更恐怖：火龍捲。

火龍捲又叫火焰漩渦或火焰旋風，本質上與旋風或塵捲風（見第73頁）比較像，一樣多生成於炎熱的晴天，也就是地表加熱上方空氣的時候。科學家還在研究火龍的形成機制，但他們已經知道，野火導致的高溫會讓空氣上升。當新的空氣補進來，就可能開始旋轉。而旋轉的空氣柱要是受到周圍空氣擠壓，半徑變小，轉速就會提高——如同滑冰選手在旋轉的時候收進手臂。

大部分的火龍捲都威力不強、壽命短暫，而且多發生在無人居住的偏遠地區。但在2018年7月26日，加州的「卡爾大火」期間，居然出現了一個打破所有常規的火龍捲。它的風速達到每小時266公里，而且肆虐了一個半小時（一般的火龍捲幾分鐘就結束了）。它直直穿越加州北部約9萬人口的雷丁市，附近有好幾片國家森林，沿途摧毀房屋、樹木和通訊塔，還奪走幾條人命，傷害了無數動物。

火龍捲相當危險。隨著它逐漸形成，威力漸長，會帶起燃燒的餘燼、灰、碎屑，順著極高溫的上升氣流，一路拔升到數百公尺的空中。它很可能助長野火，延燒到周遭區域。專家正努力研究卡爾大火時拍到的火龍捲影片和照片，希望可以找出未來預測和預防這種致命天災的方法。

奮入火場

當類似卡爾大火的野火發生在難以抵達的偏遠地區時，誰來與烈焰奮戰呢？這就要交給空降消防員了。他們是消防隊員中的菁英，負責進行最危險的滅火任務之一：從飛機上直接跳進危險區域。跳傘進入火場旁邊的森林後，他們要收集並背起大約45公斤重的空投裝備——裡面裝有他們在起火區獨自生存48小時所需的全部物資。這個工作需要強悍的心智、極致的體魄和艱苦的訓練，不過這群願意接受挑戰的男女勇者卻能阻止森林大火變成一發不可收拾的大災難。

火龍捲中的溫度可達
攝氏1093度。

超強電力：
閃電現象

18世紀中葉，班哲明・富蘭克林勇敢地把一根鑰匙綁在風箏上，並在雷暴中把風箏放上天空，從此我們就知道：閃電是空中的一道電流。不過除了我們最常見的鋸齒狀閃電，閃電其實還有許多奇妙的形式，以下是一些最奇怪的例子。

蜘蛛閃電

並不是所有的閃電都會劈到地面。大約四分之三的閃電都是留在生成閃電的雲裡。帶著相反電荷的兩個區域會在雷雲中找上彼此，產生閃電。有時候，你從地面就能看到這些閃電。之所以叫蜘蛛閃電，是因為它們彷彿在雲的底部爬來爬去。

球狀閃電

要是你看到一顆光球飄浮在半空中，而且可以任意穿牆而過，你會怎樣想？聽起來好像天方夜譚，不過人類自古希臘時代以來就不斷見證這種雷電現象。科學家原本都還抱持懷疑態度，直到 1963 年，一位科學家在搭乘夜間班機時看見一顆光球沿著走道飄過，接著穿牆消失，當時飛機剛剛遭遇雷擊。過去數十年間，人類在自然條件下看見球狀閃電的記錄大約有 1 萬次，科學家甚至能在實驗室中再現這種現象，但他們還是不確定球狀閃電究竟是什麼造成的。

火山閃電

當岩漿穿過地殼向上推擠時，可以衝破地表，造成火山噴發。彷彿這還不夠精采似地，某些火山的火山灰雲裡還有閃電！火山閃電又叫「髒雷暴」，成因是火山灰粒子在煙流中不斷碰撞、累積電能，釋出霹靂閃光！

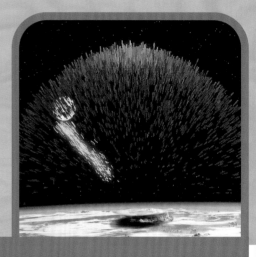

暗閃電

閃電本身是自然界最明亮的天氣現象之一，不過最近專家發現，有時閃電人眼看不見！除了明亮的閃電，雷雲也會噴出 X 射線以及伽瑪射線。遠方的恆星塌縮時也會發出這種輻射，這些不可見的爆發稱為暗閃電，帶有的能量可能是可見閃電的百萬倍，並且是向四面八方而不是單一方向發散。

卡塔通博閃電

地球上最刺激的地點是委內瑞拉的馬拉開波湖跟卡塔通博河的交會處。這裡每年平均有 260 天是狂風暴雨，且天空經常整夜都被密密麻麻的閃電給照亮。在每年 10 月的風暴季高峰，你平均每分鐘大約可以看到 28 次閃電！科學家還在研究為什麼這個地區的電壓會這麼高。

一道月虹橫跨挪威那維克附近的斯科門地區。

夜間的彩虹：月虹

大家都知道彩虹，也就是陽光穿過小雨滴被分散成多色光的魔幻效應（見第44頁）。但月虹就神祕得多。在月光皎潔的夜晚，若是搭配非常特殊的條件，就有機會出現一種蒼白黯淡的彩虹。

月虹形成的原理跟彩虹一樣，只不過光線來自月光（太陽照射到月球後反射的光），而不是太陽光。因為月光強度遠不及陽光，所以月虹比彩虹黯淡許多。也因為人眼在黑暗中不太容易察覺顏色，所以月虹看起來就像一道蒼白的弧形。

想看到月虹，天空必須清澈，月色必須非常明亮，也就是接近滿月的時候。和彩虹一樣，月虹也需要空氣中懸浮著小水滴才能形成。優勝美地瀑布底下曾經出現過，當時春天融化的雪水增加了瀑布的水量。哥斯大黎加的雲霧林裡也出現過，當時正值12月底到2月初，有大量霧氣被風吹來。只要是接近滿月且夜裡下過雨，世界各地也都有月虹出現的記錄。

但若要把看到月虹的機會提到最高，世界上只有兩個地點可以選：尚比亞與辛巴威交界處的維多利亞瀑布，以及美國肯德基州科賓城附近的坎伯蘭瀑布。地球大部分的瀑布都位在深邃的峽谷中，但這兩座瀑布都位於開闊的峽谷內，讓月光得以照射在激流濺起的水霧上。如果天空此刻恰巧也萬里無雲，就會有一道明亮的月虹出現在瀑布上方。那堪稱世上最神奇的景致之一！

賭你不知道！

雙彩虹（以及雙月虹）之所以形成，是因為折射的光線在第一次反射後沒有射出雨滴。反之，它又在雨滴中反射了第二次，在原彩虹上方製造了另一道較黯淡、顏色順序顛倒的彩虹。

天空中是什麼？
罕見雲種

雲有時看起來像飄過天際的毛茸茸動物，有時又是猛烈風暴來臨前的黑暗警訊。不過這個跨頁上的雲卻完全是另一回事：它們是地球上最怪異、最罕見的一些雲現象。

貝母雲

你必須超級幸運才能看到貝母雲——它們是地球上最罕見的雲種之一。它們形成於極區最寒冷的時間，氣溫必須低於攝氏零下 83 度。在這種溫度下，大氣水分含量很低，所以僅有的微量水氣都會凝結成細小的冰晶雲。貝母雲生成於 1 萬 5000 公尺以上的高空，因為實在太高，太陽就算沒入了地平線也還是可以照到它，所以貝母雲會在黑暗的天幕上散發壯麗的光彩。

克赫波

一眨眼你可能就錯過了！許多觀雲者都想一睹這短暫而奇特的現象，看起來就像卡通裡的波浪。克赫波是快速移動的暖空氣從一層移動較慢的冷空氣上方流過而形成的。只要狀況對了，冷暖空氣的交界就會出現完美的波浪形狀。這些雲非常不穩定，因此只會出現幾分鐘，然後就消失了。

雨旛洞

你有看過一片雲中間少了一塊嗎？如果有，那就表示你見過雨旛洞，又叫「穿洞雲」。飛機常會造成這種古怪的景象。當飛機穿過一片超冷的雲時，能使空氣膨脹降溫，讓小水滴結冰落下。其他的小水滴則會吸附在掉落的冰晶上，然後跟著結凍，製造出那獨特的雲中洞造型。

莢狀雲

這種雲呈圓盤狀，經常讓人誤以為是外星人的太空船，但它就只是一朵外型奇特的雲而已。當潮溼的空氣在移動的過程中碰到障礙物（通常是山）時，空氣會被迫翻越它。隨著高度攀升，空氣會在山的下風處冷卻凝結成雲。由於這種雲不斷被流動的空氣重新塑形，因此看起來就好像一直飄在定點。真像外太空來的飛船！

陣晨風雲

在 8 月底到 10 月之間，全世界的滑翔翼玩家都聚集在澳洲昆士蘭伯克敦的偏遠小鎮上，希望可以在世界最罕見的雲景之中滑翔。這些細長的管狀雲長約 966 公里，由多個雲系組成，多生成於約克角半島與喀本塔利亞灣交會處。當這兩區的風匯流，會在大氣中形成一道波，凝結成一朵肉眼可見的雲。滑翔翼玩家可以在雲的前緣乘著上升氣流飛行數百公里。

第十三章

太空天氣

遼闊空洞的宇宙裡沒有任何天氣現象。因為沒有大氣層，就沒有空氣的流動。但這並不代表太空中的環境很舒適：國際太空站必須承受極端的溫度變化，有陽光時溫度高達攝氏121度，進入陰影中時溫度又會降到攝氏零下157度。且和地球一樣，許多行星（不論是太陽系的行星還是繞著遙遠的另一顆恆星運轉的行星）也都有天氣現象。你若覺得地球的天氣很極端，那就準備好：其他的星球上可是有每秒達數百公里的強風，還有會落下石頭雨的雲！

阿波羅13號

外太空的溫差太大，又沒有氧氣和氣壓，所以太空人在外太空移動時必須仰賴太空船來保護自己免受殘酷的外在環境傷害。但當那艘太空船故障時，又會怎麼樣？

1970年4月13日，前往月球的阿波羅13號已經離地球約32萬8915公尺遠，這時出狀況了。太空船上的三名太空人聽到一個氧氣槽爆裂的聲音，接著儀表板上的警示燈號開始閃爍。於是太空船駕駛傑克·斯威格特向總部回報：「休士頓，我們有麻煩了。」指揮官吉姆·洛維爾看向窗外，發現太空船尾部有氣體外洩。正是氧氣。太空人的麻煩大了。

氧氣槽中暴露的電線走火，破壞了一個氧氣瓶，也毀損了另一個。這個問題很嚴重，因為太空船的氧氣供給攸關著太空人的性命。它可以跟氫氣混合生成水，也在旅程上用來發電。而且當然，他們需要氧氣來呼吸。

美國各地的太空航道控制專家都立刻開始研議解決方案。大家很快就發現，太空人不可能按原定計畫登陸月球。新的首要事項是要讓太空人駕著故障的太空船平安回到地

球。幸運的是，太空人還有一艘「逃生艇」——其實是原本要用來登陸月球的登月小艇。它完好無損，只是一開始的設計是只搭載兩個太空人從月球繞行軌道前往月球表面而已——不是要載著三個太空人一路回到地球。此外，小艇雖有充足的氧氣，卻沒有足夠的水，也沒辦法一連幾天為三個太空人過濾足夠的空氣。

把太空船設定成返回地球的路線後，太空人關閉所有非必要的系統，以降低溫度、減少冷卻機械用的水量。座艙溫度降到了攝氏3度，空氣中的水分凝結，所有牆面和窗戶上都變得溼答答。沒多久，太空人就冷得直發抖——尤其是正在發燒的太空人佛瑞·海斯。

在此同時，地面上的工程師也在絞盡腦汁，想辦法讓三位太空人都能搭乘登月小艇安全返回地球。最後他們想出一個辦法，利用阿波羅13號上一堆雜七雜八的物品，包括飛行操作手冊、封箱膠帶、襪子等，來改裝登月

小艇上的空氣濾網。結果真的有效。太空人在小艇中待了整整三天，每天只攝取177毫升的水（大約是正常攝取量的五分之一），還必須忍受低溫。主要因為脫水的緣故，三名太空人三天總共少了14公斤。

但在這場長達四天的災難中，太空人和地面指揮中心人員都沒有失去冷靜。接近地球時，太空人成功啟動主推進器，重返地球大氣層，在1970年4月17日濺落南太平洋。太空人運用智慧與技巧，在太空險惡的環境中活了下來，整個過程也成為美國航太總署歷史上的一段佳話。

左頁：吉姆·洛維爾、傑克·斯威格特、佛瑞·海斯準備執行任務。

最上：用來改裝登月小艇空氣過濾器的裝置。太空人用封箱膠帶、地圖和其他可到手的材料克難組裝而成。

上（左起）：佛瑞·海斯、吉姆·洛維爾、傑克·斯威格特三人在1970年4月17日踏出救難直升機，登上硫磺島號航空母艦。

奇怪的太陽系

要堆雪人太熱？要去游泳又太冷？你下次若覺得天氣壞了你遊玩的興致，你大可看看地球鄰居的天氣預報。其他行星的天氣都太過極端，相較之下地球根本是天堂！

金星

金星常被稱為地球的「姊妹星」，因為兩者體積、組成和軌道都相似。不過你絕對不會想要去金星露營。那裡的平均氣溫約是攝氏 465 度，足以融化鉛。而且彷彿這還不夠嚇人似的，金星的雲層是致命的硫酸和二氧化硫！那裡的天空還經常有滋滋作響的雷暴，可能是火山爆發引起的。另外金星的表面風速很快，表面的大氣壓力也極大。

地球

太陽

你已經知道太陽非常熱。畢竟地球上所有的熱能都來自這顆 1 億 4970 萬公里外的太陽。但它究竟有多熱呢？太陽核心的溫度約是攝氏 1500 萬度，真的很熱！太陽的表面也經常有風暴，會朝著各行星射出輻射以及強力磁場，有些甚至會擊中地球！

水星

水星只有一個薄薄的外氣層，所以沒有任何風雨之類的天氣現象。但它卻有太陽系所有行星中最劇烈的冷熱溫度變化，因為水星是最靠近太陽的行星，接收太陽的熱度，溫度可達攝氏 427 度。但當太陽落下後，水星表面溫度又可降到攝氏零下 201 度。真夠冷的！

火星

日正當中時，火星地表接近赤道的溫度是舒適的攝氏 20 度。不過這顆紅色行星的大氣層較薄，距離太陽也較遠，因此火星極區的冬季溫度可降到攝氏零下 125 度。但火星上最慘的天氣狀況還是經常發生的沙塵暴：揚起的鐵鏽色土石可以籠罩整個星球表面，時間可持續好幾個月之久！

天王星

天王星位於太陽系的外圍，溫度降得非常低，低到攝氏零下 224 度！如同其他的類木行星（土星、木星和海王星），天王星也有高風速與強風暴，不過在這顆從太陽數過來的第七顆行星上，極端天氣卻達到了另一個層次：專家認為，在這個壓力極大的氣態行星內部，不會下雨，但會下鑽石！

土星

土星真的相當「冷」清！平均溫度是攝氏零下 178 度，風速可達每秒 1800 公里，是地球最高速風紀錄的 7000 倍，形成土星風暴、颶風和噴流。地球上的颶風能量來自儲存在海洋中的太陽熱能，但科學家認為，土星上的颶風是以行星內核的熱能為能量來源。

木星

木星擁有太陽系所有行星中最劇烈的天氣型態。由於太過猛烈，連在地球上都看得到！木星上的風暴可以在幾個小時內形成，並且在一夜之間發展到數千公里寬，風速可達每小時 620 公里，是地球上 5 級颶風風速的兩倍。其中有個風暴叫「大紅斑」，天文學家至少從 17 世紀晚期就已經觀測到它，且它至今還在那裡。「大紅斑」還會改變大小：曾經測得的最大直徑為 4 萬公里，比地球的直徑還大！

海王星

和天王星一樣，海王星內部可能也有鑽石雨。不過在這顆太陽系最遙遠的行星上，極端氣候不只是如此而已：有一條暴風帶環繞海王星，風速可達每小時 2100 公里。而且美國航太總署的航海家二號太空船在 1989 年飛掠時，還發現了一個肆虐的氣旋式風暴，長達 1 萬 3000 公里、寬達 6600 公里。

古怪的效應：
不尋常之月

你可能聽過「血月」、「藍月」和「超級月亮」。但那是什麼意思？難道月亮真的能變色？而「超級月亮」又是哪裡超級了？

血月

人有時會說「血月」的出現是某種預兆——但那其實只是地球大氣層造成的一種現象。血月的「血」指的是月全食時月亮的顏色。會發生月食，是因為月球進入了地球的陰影。當月亮完全被陰影覆蓋時，它不會完全變黑，而是會變成暗紅色或紅棕色，因為還是會有部分陽光因地球大氣層折射而抵達月球表面。由於太陽光會通過地球大氣層較厚的部分，所以會有較多的藍色光散射，讓紅色與橘色光較為明顯。這與地球上美麗的夕陽是一樣的原理。

超級月亮

　　有些人認為超級月亮會導致火山爆發、地震以及各式各樣的可怕天氣。不過事實上，超級月亮根本沒什麼奇怪或不祥的。原因很簡單：月球的軌道不是正圓形，而是橢圓形，所以月球與地球之間的距離一直在變。當月相是滿月，又剛好最接近地球，就叫超級月亮。不過超級月亮與地球的距離也不過比一般月亮近了6%，人類肉眼根本無法察覺。而且月亮的外觀也跟天氣事件沒什麼關聯。如果你曾在晚上走出去，結果看到一輪巨大無比的滿月掛在天際線的樹梢上，那你看到的應該就是所謂的「月球錯覺」——那是一種視錯覺，當月亮靠近地球上的物體（例如樹與建築物）時，看起來就會特別大。所以其實也沒有多超級！

藍月

　　雖然叫「藍」月，但藍月跟顏色沒什麼關係——那只是一個綽號，用來指同一個月裡的第二個滿月。由於滿月的週期大約是29.5天，而一個月只有30或31天，所以一個月內很難遇到兩次滿月，大約幾年才會出現一次——英文的「once in a blue moon」就是源自於此，用來形容千載難逢。藍月雖然不是藍色的，但月亮在某些罕見的條件下確實可能呈藍色，例如大氣中的粒子大小恰好可以散射紅光，讓藍光穿透。

一輪超級月亮掛在加州聖貝尼托郡的一座山丘上。

你知道嗎！

1883年印尼喀拉喀托火山噴發後，由於空氣中懸浮著火山灰，幾乎每晚都能看到藍色的月亮。

古怪的衛星天氣

月球和外太空一樣，沒有大氣，因此也沒有天氣。但月球上有冰，專家認為可能是彗星撞擊帶來的。這些冰封存在太陽永遠照不到的月球坑洞深處。天文學家測量坑內溫度，曾測到攝氏零下240度，可能是整個太陽系最冷的地方。不過若要說狂暴的天氣，月球上倒是完全沒有。

賭你不知道！

土星衛星土衛一（彌瑪斯）表面有巨大的坑洞，看起來很像《星際大戰》裡的「死星太空站」。

土衛六

乍看之下，土星的衛星土衛六（泰坦）跟地球很像：大氣層濃厚、地表有湖泊、空中有雲。不過靠近一點就會發現兩者完全不一樣：這些雲和湖泊的成分不是水，而是甲烷。土衛六沒有我們之前提過的水循環（見第 40 頁），但是有甲烷循環，形成類似地球的熱帶季風系統，季節性降下液態甲烷，填滿低窪處成為巨大的甲烷湖泊，再緩緩蒸發、凝結成雲，展開下一次的甲烷循環。

土衛二

如果你喜歡滑雪，土衛二可能會是你的理想度假勝地。這顆土星第六大的衛星上有噴泉，不斷噴出超級細緻的冰晶，之後再落回星球表面。這個過程上比地球上的雪暴慢得多，不過專家認為幾千萬年下來，土衛二上應該有一些區塊已經被冰晶覆蓋。也許未來的太空人真的會到那邊去滑雪！

木衛一

木衛一是個很恐怖的地方。它是太陽系裡火山最活躍的地方：由於木星作用在木衛一上的引力實在太強，因此木衛一在繞行木星時會不斷被擠壓或延展，使它的表面一下凸起一下凹下，幅度可達 100 公尺。這會把地下熔融的硫磺加熱到沸點，從木衛一表面的上百個火山口噴出來。有些火山口甚至會能把硫磺噴到 300 公里的高空！在太空的低溫下，二氧化硫會結晶成片狀，再以蓬鬆的黃色硫磺雪的形式落回木衛一。

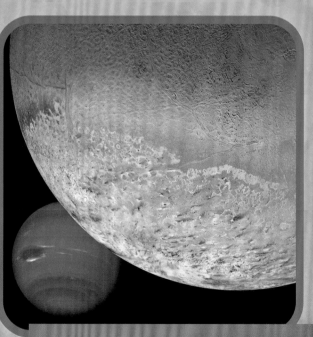

海衛一

海衛一是海王星最大的衛星，距離太陽非常遠，大約有 45 億公里。但在平均溫度攝氏零下 235 度的寒冷海衛一表面，還是能感受到太陽的存在。科學家最近發現，這個冰凍的衛星跟地球一樣有季節變化——只是地球一季只有幾個月，這裡一季就是 40 個地球年。當海衛一的夏季到來，南半球會升溫，讓原本冰凍的氮、甲烷和一氧化碳變成氣體，加厚原本的大氣層。

科學家認為月球內部所含的水量超過美國五大湖的總和。

野蠻世界：系外行星

1992年1月9日是創造歷史的日子，那天，天文學家證實我們的太陽系外還有其他行星，稱作系外行星，繞著自己的太陽運行，那些太陽有些單獨存在，有些則是其他恆星系統的一分子。在首次發現後的短短幾十年間，科學家發現了數千顆系外行星，也發現有些系外行星上的天氣比科幻小說還誇張。

下石雨

和地球一樣，系外行星CoRoT-7b主要由岩石組成，也有和地球類似的大片海洋。不過相似之處到此為止：CoRoT-7b距離自己的太陽很近，大約只有地球與太陽的距離的60分之一，所以行星表面溫度高達攝氏2199度。

由於表面溫度太高，組成的岩石事實上都融化成液態了。一片遼闊的橘紅色岩漿海覆蓋

天文學家認為這顆行星上的岩漿海約有45公里深。

系外行星Gliese 1214b上的壓力非常大，就好像整艘鐵達尼號壓在你的小拇指上一樣！

著半個星球，而這還不是最怪異的地方。當地的雲是氣態岩石構成的，當天氣鋒面到來，空氣凝結，不過降下的不是雨水，而是一顆顆鵝卵石！

雲霧繚繞的天空

系外行星Gliese 1214b只有地球的2.7倍大，但重量卻是地球的7倍。科學家認為，它之所以這麼重，原因在於它是一顆巨大的水球！那裡的溫度達攝氏232度，就像烤箱裡的溫度，

因此所有的水分都會馬上蒸發成水蒸氣。Gliese 1214b的太陽很特別，是一顆紅矮星，因此那裡的天空呈現柔和的粉紅色。當玫瑰色的太陽落下，大氣中無數的小水珠就會反射太陽光。粉紅色的陽光加上朦朧的天空，創造出地球見不到的多彩異星落日。要在那裡預測氣象很簡單：每天都是多雲！在Gliese 1214b霧濛濛的表面上方高空，飄浮著厚厚的雲層。專家認為這些雲可能是氯化鉀（一種鹽類）組成的。

超級風暴

美國蒙大拿州洛馬的居民曾在1972年1月15日經歷史上最劇烈的溫度變化。氣溫從攝氏零下48度升到攝氏9度，也就是溫度在24小時內升高了57度！不過這對系外行星HD 80606b來說根本不算什麼。

HD 80606b的軌道很奇特。它大部分時間都距離自己的母恆星頗遠，與地球和太陽的距離相當。不過接著，它就會衝到距離母恆星480萬公里的位置（相對之下，地球距離太陽約有1億5000萬公里）。短短6小時內，這顆行星的溫度就會從攝氏528度飆升到攝氏1227度！

由於升溫太快，就會累積許多能量。而

這麼多能量必須找到出口：掀起一場巨大的風暴，規模約有三個地球那麼大，從行星表面爆發而出。風暴又會催生出一對雙生颶風，擁有長長的旋臂。它們會橫掃行星表面，往南北極的方向前進，在所經之處留下一道道發光的氣體河流，環繞行星表面。

系外行星HD 80606b每111天就會經過母恆星一次，因此每111天就會有一場劇烈的風暴誕生。

系外行星
CoRoT-2b的一年
只有1.7天。

融化中的星球

若是從系外行星CoRoT-2b的表面看天空，整個天空都會被它的母恆星占據。這顆恆星看起來的大小是地球上看到的太陽的1000倍，而且斑斑點點，滿是黑子。它還不斷噴出X射線：就是醫生拍攝骨骼X光片時使用的同一種能量形式。

地球的太陽也會發射X射線，但在系外行星CoRoT-2b上，X射線卻是個大問題。由於距離母恆星太近，它被恆星的引力牢牢抓著，無法脫身。同時恆星還不斷向行星發出X射線，強度大約是地球接收到的幾十萬倍——如此猛烈的輻射，事實上正造成行星蒸發！每一秒鐘，這輻射就從行星表面蒸發掉410萬公噸的物質——大約是12座帝國大廈的重量。強烈的輻射會製造出強風，把行星上的物質吹到太空中。

名詞解釋

適應（**adaptation**）：生物體為更適合周遭環境而發生的改變。

平流（**advection**）：氣體的水平移動，可傳遞大氣特性，如高低溫。

氣懸膠（**aerosol**）：混入空氣或其他氣體中的微小粒子。

反照效應（**albedo effect**）：太陽能量反射回到太空的過程。

反氣旋（**anticyclone**）：高氣壓中心風系，在北半球順時針旋轉，在南半球則逆時針旋轉。

含水層（**aquifer**）：具有細小孔洞、可供水通過的地底岩層。

大氣層（**atmosphere**）：地球外圍的一層空氣。

氣壓（**atmospheric pressure**）：空氣重量造成的壓力。

暴風雪（**blizzard**）：一種強力的雪暴，挾低溫、強風和大量降雪。

冬天不活動（**brumation**）：爬蟲類過冬時的一種休眠狀態。

碳足跡（**carbon footprint**）：消耗能源所釋放的二氧化碳量。

氣候（**climate**）：同一地區長時間的天氣狀態。

氣候變遷（**climate change**）：長時間正常氣候模式的顯著差異。

雲（**cloud**）：細小水滴與冰晶於空中的集結體。

冷血（**cold-blooded**）：生物體溫會隨著環境溫度變化而改變，又叫變溫（ectothermic）。

凝結（**condensation**）：一種氣體變為液體的過程，相反的過程稱為蒸發。

導體（**conductor**）：可以傳遞光、熱、聲音或電力的物質。

大陸（**continent**）：地球上七個主要的陸塊。

大陸性（**continental**）：與大陸相關的形容詞。

科氏力（**Coriolis force**）：由於地球旋轉而產生的力，會讓北半球的物體往右偏、南半球的往左偏。

原油（**crude oil**）：一種化石燃料，由數百萬年前的動植物掩埋於地底變化而成。

氣旋（**cyclone**）：一種生成於溫暖海域的強力旋轉風暴，特別指發生於印度洋、孟加拉灣和澳洲的（也可參閱颶風、颱風）。

數據、資料（**data**）：資訊。

德雷丘（**derecho**）：影響範圍廣、時間長的風暴，與快速移動的強力雷暴帶有關。

沙漠（**desert**）：降水量很少的大片區域。

沙漠化（**desertification**）：變成沙漠的過程。

露點（**dew point**）：氣體（例如水蒸氣）開始凝結（從氣體變成液體）的溫度。

晝行性（**diurnal**）：白天活動的習性。

休眠（**dormant**）：生物正常生理功能短時間內停止的現象。

下衝流（**downdraft**）：向下的氣流。

乾旱（**drought**）：某地區的降雨量低於平均值的時期。

侵蝕（**erosion**）：地表被水、風、波浪等消磨的過程。

蒸發（**evaporation**）：液體轉變為氣體的過程，相反的過程稱為凝結。

系外行星（**exoplanet**）：在太陽系以外的行星。

法達摩加納（**fata morgana**）：一種複雜的蜃景，會讓遠處的物體看起來極度扭曲。

洪水（**flood**）：水位上升、溢出河岸，使大量的水淹沒原本乾燥的土地。

化石燃料（**fossil fuel**）：一種天然的燃料，如煤、天然氣或原油等，是古代動植物的遺體埋在地下深處生成的。

凍雨（**freezing rain**）：一碰到地面或堅硬物體表面就瞬間結冰的雨，又叫雨淞。

凍傷（**frostbite**）：因寒冷而導致人體皮膚或其他組織結凍。

藤田級數（**fujita scale**）：龍捲風強度的量表。

發電機（**generator**）：把一種能量轉換成另一種能量的機器。

冰河、冰川（**glacier**）：一大塊緩慢移動的冰。

雨淞（**glaze**）：一碰到地面或堅硬物體表面瞬間結冰的雨，又叫凍雨。

溫室效應（**greenhouse effect**）：把太陽的熱能鎖在地球大氣層內。

哈布風（**haboob**）：猛烈的塵暴或沙暴。

冰雹（**hail**）：一種降水的形式，水以冰塊的形式落下。

熱浪（**heat wave**）：長時間的異常高溫天氣。

半球（**hemisphere**）：地球的一半，例如用赤道把地球分成北半球和南半球。

冬眠（**hibernation**）：某些動物在冬季進入的一種休眠狀態。

颶風（**hurricane**）：一種生成於溫暖海域的強力旋轉風暴，特別指發生在大西洋、墨西哥灣和東太平洋的（也可參閱颱風、氣旋）。

缺氧症（**hypoxia**）：一種人體吸收不到足夠氧氣的危險狀況。

冰河期（**ice age**）：一段持續數百萬年的寒冷時期，地球大範圍都覆蓋著很厚的冰。

冰芯（**ice core**）：從冰層或冰川中取出的長管狀冰樣本。

冰暴（ice storm）：挾帶冰凍雨滴的風暴，會在物體表面留下一層冰。

下蜃景（inferior mirage）：遠方物體生成蜃景，位於實物下方。

聲下波、次聲波（infrasound）：人耳無法辨識的低頻聲音。

絕緣體（insulator）：可以避免能量（如熱能）穿越的物質。

間冰期（interglacial）：維持數千年的地球溫暖時期。

噴流（jet stream）：大氣層中一條狹窄的強勁氣流帶。

下坡風（katabatic wind）：順著山坡向下吹的風。

陸風（land breeze）：自陸地吹向海面的微風。

閃電（lightning）：大氣層中能量釋放而生成的閃光。

海洋（maritime）：與海有關的事物。

中渦旋（mesovortex）：垂直的小型氣旋，與雷暴有關。

新陳代謝（metabolism）：身體細胞把食物轉換成能量的化學反應。

氣象學（meteorology）：大氣、天氣與天氣預報的科學。

遷徙（migration）：動物從一區移動到另一區的季節性移動。

模型（model）：一種電腦程式，用以模擬不同的狀態，協助氣象預測。

分子（molecule）：仍保有物質特性的最小物質粒子。

季風（monsoon）：季節性的風吹模式，會帶來降雨，並於冬、夏兩季變換風吹的方向。

月球錯覺（moon illusion）：一種光學幻覺，讓月亮在接近地平線的時候看起來比較大。

多胞（multicell）：一種常見的雷暴，由多個風暴胞構成。

夜行性（nocturnal）：在夜間活動的習性。

永凍層（permafrost）：永遠結凍的土壤層。

光合作用（photosynthesis）：綠色植物以及某些有機體把陽光轉換為食物的機制。

色素（pigment）：一種有顏色的物質。

極區（polar zone）：位於地球南北兩極，以寒冷氣候為特色。

極地東風（polar easterlies）：地球南北極區附近吹的風，由極區往外吹，且自東向西偏。

降水（precipitation）：自雲中落下的液態水與固態水，包括雨、雪和冰雹。

雨（rain）：液態水狀態的降水。

無線電探空儀（radiosonde）：架設在探空氣球上的小型測量器具，可測得大氣壓力、溫度和溼度等資訊。

折射（refraction）：經過兩種介質時光的偏折現象。

再生資源（renewable resources）：人類在自然中取得並能自然再生的資源，如氧氣、淡水和太陽能。

海風（sea breeze）：自海洋向陸地吹的風

沉積泥（silt）：細小的泥土分子，可由流水攜帶。

雪（snow）：細小冰晶狀態的降水種類。

特殊風暴胞（specialist storm cell）：由上升和下衝氣流循環構成的氣團，是風暴系統中的最小單位。

多肉（succulent）：一種植物為了適應乾燥環境而發展出較厚的儲水組織。

超大胞（supercell）：一種雷暴，具有強力迴旋上升氣流，有潛力產生強風、大冰雹等，有時甚至會有龍捲風。

上蜃景（superior mirage）：遠方物體生成蜃景，位於實物上方。

溫帶地區（temperate zone）：位於北極圈與北回歸線之間以及南極圈與南回歸線之間的區域，以溫和氣候為特色。

雷暴（thunderstorm）：產生閃電與雷聲的風暴。

龍捲風（tornado）：從雷暴延伸到地表的猛烈旋轉氣柱。

休眠（torpor）：一種動物的蜇伏狀態，較冬眠淺層。

信風（trade winds）：從赤道南北方向赤道吹的風。

熱帶地區（tropical zone）：北回歸線與南回歸線之間的區域，以炎熱氣候為特色。

凍原（tundra）：寒冷、無植披的平原地形，覆蓋地球超過 20% 的土地面積。

颱風（typhoon）：一種生成於溫暖海域的強力旋轉風暴，特別指發生於西太平洋地區的（也可參見颶風、氣旋）。

上升氣流（updraft）：向上流動的空氣。

水循環（water cycle）：地球水分不斷移動的過程，從湖泊、河流和海洋中蒸發，上升冷卻成雲，再以雨水、冰雹或雪的形式落下。

水蒸氣（water vapor）：氣態的水。

水龍捲（waterspout）：由空氣與水霧形成的旋轉氣柱。

波長（wavelength）：聲波或光波中兩個峰之間的距離。

氣象氣球（weather balloon）：一種特殊的氣球，專門攜帶測量儀器升空蒐集天氣數據。

氣象衛星（weather satellite）：繞著地球運行的儀器，觀測地球天氣與氣候。

西風帶（westerlies）：位於南北半球中緯度區域、由西向東吹的風。

野火（wildfire）：不受控制的大火，發生於森林、鄉間和其他野外區域。

風暴（windstorm）：強度足以破壞樹木和建築物的風暴。

乾生動物（xerocole）：適應沙漠生態的動物。

其他資源

網站

上網前請先徵求父母或師長的同意。

想取得地方天氣預測和天氣新聞,請上中央氣象局網站:https://www.cwb.gov.tw/V8/C/

想知道全世界發生的天氣事件,請上精準天氣公司網站:accuweather.com/en/world/satellite

想取得天氣基本知識,請上互動式 **DK Find Out!** 天氣網站:dkfindout.com/us/earth/weather/

想試試自己的天氣預測技巧、體驗當氣象學家的感覺,請上 **Smithsonian** 天氣實驗室:ssec.si.edu/weather-lab

玩遊戲、學知識、找答案,請上 **SciJinks**、**NASA** 和 **NOAA** 的兒童天氣網站:scijinks.gov

想增長天氣知識,請上 **JetStream** 國家天氣服務線上學校:www.weather.gov/jetstream/

想更了解洪水、龍捲風、冰雹等劇烈天氣,請上國家強烈風暴實驗室網站:nssl.noaa.gov/education/svrwx101/

加入「**Owlie and friends**」玩遊戲,參與國家天氣服務青年氣象學家計畫:youngmeteorologist.org

想了解磁暴、太陽風和更多和太空有關的事,請上太空科學研究院太空天氣中心網站:spaceweathercenter.org/.index.html

氣象學家 **Crystal Wicker** 的天氣網站兒童版:weatherwizkids.com

電影與電視節目

· 《**Destructive Weather**》(2017):天氣怎麼會變得這麼致命?答案就在這部英國廣播公司的紀錄片中。

· 《**Extreme Weather**》(2016):這部國家地理頻道紀錄片探究氣候變遷如何影響全球天氣。

· 《**Storm Chasers**》(2007):這部探索頻道的影集跟拍追風者,勇敢追逐龍捲風。

· 《**When Weather Changed History**》(2008):天氣頻道製作一系列影集,解釋挑戰者號太空船爆炸事件、美國大沙盆事件等,讓你更了解天氣如何改變許多事件的面貌。

· 《**Wild Weather**》(2017):美國公共電視臺(PBS)製作這集節目,深度探討天氣形成背後的原動力。

· 《**The World's Worst Disasters**》(2009):網飛(Netflix)系列影集,詳細記錄歷史上毀滅性的洪水、氣旋、颶風和其他重大事件。

推薦景點

· 芝加哥科學工業博物館智慧天氣學習實驗室:www.msichicago.org/education/fieldtrips/learning-labs/weather-wise/

· 奧克拉荷馬諾曼的「國家天氣博物館暨科學中心」:nationalweathermuseum.com

書籍

喬婁納 著《颱風與龍捲風》

Brian Cosgrove 著《**DK Eyewitness Books: Weather**》

DK Smithsonian 出版《**Eyewitness Explorer Weather Watcher: Explore Nature With Loads of Fun Activities**》

Mark Breen 著《**The Kids'Book of Weather Forecasting**》

Thomas M. Kostigen 著《**National Geographic Extreme Weather Survival Guide: Understand, Prepare, Survive, Recover**》

凱西・佛岡 著《國家地理兒童百科:天氣》

Thomas M. Kostigen 著《**National Geographic Kids Extreme Weather: Surviving Tornadoes, Sandstorms, Hailstorms, Blizzards, Hurricanes, and More!**》

索引

粗體字代表圖片。

圖片出處

COVER: (frog), Michael Durham/Minden Pictures; (lightning), Anna Omelchenko/Shutterstock; (snowboarder), Dennis van de Water/Shutterstock; (water droplet background), Mario7/Shutterstock; (hurricane), Harvepino/Shutterstock; (umbrella), heromen30/Shutterstock; (windsock), Kletr/Shutterstock; back cover (snowflake), Kichigin/Shutterstock; (boots), sl_photo/Shutterstock; (tornado), Minerva Studio/Shutterstock; spine (snowflake), Kichigin/Shutterstock; flap: (UP), Stephanie Warren Drimmer; (LO), Luigino De Grandis; (sunglasses), studiovin/Shutterstock

VARIOUS THROUGHOUT: (raindrop background), Mr Twister/Shutterstock; (clouds background), Bplanet/Shutterstock; (rippled sand background), Chaikovskiy Igor/Shutterstock; (cracked earth background), HeinSchlebusch/Shutterstock; (streaky cloud background), Sunny Forest/Shutterstock; (palm leaves background), Vibe Images/Shutterstock; (frost background), Olga Miltsova/Shutterstock

FRONT MATTER: 1, Mark Hamblin/Photographer's Choice/Getty Images; 2, RomanKhomlyak/iStockphoto/Getty Images; 4, James Braund/Taxi/Getty Images; 5 (UP), Jim Reed; 5 (LO LE), Chuck Franklin/Alamy Stock Photo; 5 (LO RT), Mike Hill/Alamy Stock Photo; 6, Nataliya Burnley; 7 (UP), Luigino De Grandis; 7 (LO), Kichigin/Shutterstock; 8 (UP), Photodisc; 8 (LO LE), Mike Theiss/National geographic Image Collection; 8 (LO RT), Ron Levi/EyeEm/Getty Images; 9 (UP LE), Cheri Alguire/iStockphoto/Getty Images; 9 (UP RT), encikAn/Shutterstock; 9 (LO), Toshi Sasaki/Photographer's Choice/Getty Images

CHAPTER 1: 10-11, Sarah Beard Buckley/Moment RM/Getty Images; 12, NASA; 13, Sanjida Rashid/NGK Staff; 14, John A Davis/Shutterstock; 15 (UP), David Aguilar; 15 (CTR), S.Borisov/Shutterstock; 15 (LO), Stephane Vetter; 16, Martin Sundberg/Uppercut RF/Getty Images; 17, Sanjida Rashid/NGK Staff; 18-19, Bamboosil/age fotostock; 18 (BOTH), Sanjida Rashid/NGK Staff; 20-21, Jim Reed

CHAPTER 2: 22-23, Ryan McGinnis/Alamy Stock Photo; 24, Fotokostic/Shutterstock; 25, Jeff Swensen/Getty Images; 26 (UP), INTERFOTO/Alamy Stock Photo; 26 (LO LE), Chronicle/Alamy Stock Photo; 26 (LO RT), Ian Poole/Dreamstime; 27 (UP LE), Pilvitus/Shutterstock; 27 (UP RT), Bettmann Creative/Getty Images; 27 (LO LE), Keystone-France/Gamma-Keystone/Hulton Archive Creative/Getty Images; 27 (LO RT), Science History Images/Alamy Stock Photo; 28-29, Pilvitus/Shutterstock; 29, Lawrence Migdale/Science Source; 30 (UP), NOAA; 30 (LO), NASA; 31 (BOTH), NASA; 33 (UP), Amilevin/Dreamstime; 33 (LO), Jayne Gulbrand/Shutterstock; 34 (UP), Ryan McGinnis/Alamy Stock Photo; 34 (LO), Robin L. Tanamachi

CHAPTER 3: 36-37, Jim Reed; 38-39, Leemage/UIG/Getty Images; 39, Library of Congress/Corbis/VCG/Getty Images; 40, Florin Stana/Shutterstock; 40-41, Merkushev Vasiliy/Shutterstock; 41 (UP), Mr Twister/Shutterstock; 41 (CTR), Sunny Forest/Shutterstock; 41 (LO), Willyam Bradberry/Shutterstock; 42, Howard Perlman, USGS/globe illustration by Jack Cook, Woods Hole Oceanographic Institution; 43, Bob Thomas/Photographer's Choice/Getty Images; 44 (LE), Stuart Armstrong; 44 (RT), mrjew/Shutterstock; 45 (UP), hphimagelibrary/Gallo Images/Getty Images; 45 (LO), Chakarin Wattanamongkol/Moment RF/Getty Images; 46, Gary Hincks/Science Source; 47 (UP-A), Joyce Photographics/Science Source; 47 (UP-B), Jim Reed; 47 (UP-C), C_Eng-Wong Photog/Shutterstock; 47 (CTR-A), Mark A. Schneider/Science Source; 47 (CTR-B), Dorling Kindersley ltd/Alamy Stock Photo; 47 (CTR-C), Jim Reed; 47 (LO-A), Koncz/Shutterstock; 47 (LO-B), David R. Frazier/Science Source; 47 (LO-C), Aaron Haupt/Science Source; 47 (LO-D), ZT Martinusso/Moment RF/Shutterstock; 48, imageBROKER/Alamy Stock Photo; 48 (CTR), Lowell Georgia/Science Source; 48 (LO), Andre Gilden/Alamy Stock Photo; 49, nage-lestock.com/Alamy Stock Photo; 49 (INSET), Francesco Carucci/Shutterstock;

50-51, adamada/Shutterstock; 50, Awanish Tirkey/Shutterstock; 51 (UP), NWS Aberdeen/NOAA; 51 (CTR), JJS-Pepite/iStockphoto/Getty Images; 51 (LO), Michael Thompson; 52 (UP), Carsten Peter/Speleoresearch & Films/National Geographic Image Collection; 52 (LO), Amineah/Shutterstock; 53 (UP LE), Tami Freed/Shutterstock; 53 (UP RT), Pierre Leclerc/Shutterstock; 53 (LO LE), PhotoRoman/Shutterstock; 53 (LO RT), David Steele/Shutterstock; 54, MinervaStudio/Dreamstime; 55 (UP), Jim Reed/Science Source; 55 (LO), Claus Lunau/Science Source; 56, diez artwork/Shutterstock; 57, Mihai Simonia/Shutterstock; 58, Katherine Frey/The Washington Post/Getty Images; 59 (UP), Louisville MSD; 59 (LO), Chen Cheng/Xinhua/Alamy Live News/Alamy Stock Photo; 60, Mike Theiss/National Geographic Image Collection; 61 (UP), Photobank gallery/Shutterstock; 61 (LO), Yaya Ernst/Shutterstock

CHAPTER 4: 62-63, Mike Mezeul II; 64-65, Science History Images/Alamy Stock Photo; 65, Science History Images/Alamy Stock Photo; 66, Bill Brooks/Alamy Stock Photo; 67, Tony Moran/Shutterstock; 68 (LE), Feng Yu/Shutterstock; 68 (RT), SPL Creative RM/Getty Images; 70 (UP), NOAA; 70 (LO), NASA; 71 (LE), Mike Theiss/National Geographic Image Collection; 71 (RT), Ryan McGinnis/Getty Images; 72, Carsten Peter/National Geographic Image Collection; 73 (UP), John Warburton-Lee Photography/Alamy Stock Photo; 73 (LO), Dr. Joseph Golden/NOAA; 74, Ryan Soderlin/The World-Herald; 75 (UP LE), Carsten Peter/National Geographic Image Collection; 75 (UP RT), Johnny Goodson; 75 (CTR), Ana Filipa Scarpa/Mercury Press & Media/Caters News Agency; 75 (LO), Grant Hindsley/ZUMAPRESS.com/Alamy Stock Photo; 76, Frank Bienewald/Alamy Stock Photo; 77, John Sirlin/Alamy Stock Photo; 78 (UP), Bill Perry/Shutterstock; 78 (LO), kavram/iStockphoto/Getty Images; 79 (UP), Robert Clark/National Geographic Image Collection; 79 (CTR), Chun Guo/Dreamstime; 79 (LO), George Steinmetz/National Geographic Image Collection

CHAPTER 5: 80-81, Jerry Lampen/EPA-EFE/REX/Shutterstock; 82, Miguel Riopa/AFP/Getty Images; 83 (UP), Albert Gea/Reuters; 83 (CTR), Albert Gea/Reuters; 83 (LO), Miguel Riopa/AFP/Getty Images; 84, Jim Reed; 85, stanley45/iStockphoto; 86, mauritius images GmbH/Alamy Stock Photo; 87 (UP), imageBROKER/Alamy Stock Photo; 87 (LO RT), Carlos Aguilar/AFP/Getty Images; 87 (LO LE), Jeremy Richards/iStockphoto/Getty Images; 88, Erik S. Lesser/EPA/Shutterstock; 89 (UP), Sebastien Bozon/AFP/Getty Images; 89 (CTR), Minnitre/Shutterstock; 89 (LO), TriggerPhoto/iStockphoto/Getty Images; 90, Design Pics Inc/Alamy Stock Photo; 91 (UP), Lori Greig/Moment RF/Getty Images; 91 (LO), Vitaly Korovin/Shutterstock; 92, Gerd Ludwig/National Geographic Image Collection; 93, Jim Reed; 94, John Sirlin/Alamy Stock Photo; 95, Robert Estall photo agency/Alamy Stock Photo

CHAPTER 6: 96-97, blickwinkel/Alamy Stock Photo; 98, Linda Davidson/The Washington Post/Getty Images; 99 (UP), Jim Lo Scalzo/EPA/Shutterstock; 99 (CTR), Jewel Samad/AFP/Getty Images; 99 (LO), Nicholas Kamm/AFP/Getty Images; 100, VDABKK/Shutterstock; 101, Don Johnston_GA/Alamy Stock Photo; 102 (A), Ted M. Kinsman/Science Source; 102 (B, C), Kenneth Libbrecht/Science Source; 102 (D), Kichigin/Shutterstock; 103, John Burcham/National Geographic Image Collection; 104 (UP), George Steinmetz/National Geographic Image Collection; 104 (LO), NASA Photo/Alamy Stock Photo; 105 (UP), Arctic and Antarctic Research Institute Press Service/Handout/Reuters; 105 (LO), Dean Conger/National Geographic Image Collection; 106 (BOTH), Robert Clark/National Geographic Image Collection; 107, volkerpreusser/Alamy Stock Photo; 108, Narongsak Nagadhana/Shutterstock; 109, Patrick McPartland/Anadolu Agency/Getty Images; 110, Marcos Townsend/AFP/Getty Images; 111, Roberto Machado Noa/LightRocket/Getty Images; 112, Graeme Shannon/Shutterstock; 113 (UP), Alexander Chizhenok/Shutterstock; 113 (LO), Sanjida Rashid/NGK Staff

CHAPTER 7: 114-115, Anup Shah/Nature Picture Library; 116, Timothy Allen/

Photolibrary RM/Getty Images; 117, DG-Photography/iStockphoto/Getty Images; 118, Kevin Gale/Courtesy of Yossi Ghinsberg; 119 (UP RT & LO), Kevin Gale/Courtesy of Yossi Ghinsberg; 119 (UP LE), Chris Rainier/National Geographic Image Collection; 120-121, Michael Nichols/National Geographic Image Collection; 122 (UP), Sergi Reboredo/Alamy Stock Photo; 122 (LO), Ton Koene/age fotostock RM/Getty Images; 123 (UP LE), Luiz Claudio Marigo/Nature Picture Library; 123 (UP RT), Nicolas Reynard/National Geographic Image Collection; 123 (LO LE), Brian Van Tighem/Alamy Stock Photo; 123 (LO RT), Mircea Costina/Dreamstime; 124, NGK Staff; 125, Chien Lee/Minden Pictures; 126, Ignacio Yufera/Biosphoto; 127, Suzi Eszterhas/Minden Pictures; 128-129, Lori Epstein/National Geographic Image Collection; 130, Konrad Wothe/Minden Pictures; 131, Kaan Sezer/iStockphoto/Getty Images; 132, Michael Durham/Minden Pictures; 133, Andrew Suryono; 134 (UP), Tim Laman/Minden Pictures; 134 (LO), Thomas Marent/Minden Pictures; 135 (UP), Daniel Heuclin/Nature Picture Library; 135 (LO), Uwe Bergwitz/Shutterstock; 136, Bob Balestri/iStockphoto/Getty Images; 137, Lightworks Media/Alamy Stock Photo; 138, Ondrej Prosicky/Shutterstock; 138 (INSET), premysl luljak/Shutterstock; 139, Roberto A Sanchez/E+/Getty Images; 140-141, Lori Epstein/National Geographic Image Collection

CHAPTER 8: 142-143, Graham Hatherley/Nature Picture Library; 144, Colin Monteath/Hedgehog House/Minden Pictures; 145 (UP), Frank Zeller/AFP/Getty Images; 145 (LO), river34/Shutterstock; 146-147, Mauro Prosperi/Filmedea; 148 (LE), Ernesto Benavides/AFP/Getty Images; 148 (RT), Eric Baccega/Nature Picture Library; 149, STR/AFP/Getty Images; 150 (UP), PhotoStock-Israel/Alamy Stock Photo; 150 (LO), Terry Allen/Alamy Stock Photo; 151 (UP LE), dave stamboulis/Alamy Stock Photo; 151 (UP RT), Vincent Laforet/National Geographic Image Collection; 151 (LO LE), mauritius images GmbH/Alamy Stock Photo; 151 (LO RT), David Doubilet/National Geographic Image Collection; 152, Rich Carey/Shutterstock; 153, Caiaimage/Getty Images; 154 (UP), Anton Foltin/Shutterstock; 154 (LO), Mary McDonald/Nature Picture Library; 155, Cristina Lichti/Alamy Stock Photo; 156, Arco Images GmbH/Alamy Stock Photo; 157 (LE), Konrad Wothe/Minden Pictures; 157 (RT), Bruno D'Amicis/Nature Picture Library; 158, Eduardo Estellez/Shutterstock; 159, Pichugin Dmitry/Shutterstock; 160, Emanuele Biggi/Nature Picture Library; 161, Galyna Andrushko/Shutterstock; 162 (UP), Konart/Dreamstime; 162 (LO), David Tipling/Nature Picture Library; 163 (UP), robertharding/Alamy Stock Photo; 163 (CTR), Jabruson/Nature Picture Library; 163 (LO), robertharding/Alamy Stock Photo

CHAPTER 9: 164-165, Frans Lanting/National Geographic Image Collection; 166, Wayne R. Bilenduke/Photographer's Choice/Getty Images; 167, Raul Touzon/National Geographic Image Collection; 168 (UP), The Print Collector/Getty Images; 168 (LO), ullstein bild/Getty Images; 169 (UP), Herbert G. Ponting/National Geographic Image Collection; 169 (LO), Galen Rowell/Mountain Light/Alamy Stock Photo; 170-171, Design Pics Inc/National Geographic Image Collection; 172 (UP), Gordon Wiltsie/National Geographic Image Collection; 172 (LO), David Coventry/National Geographic Image Collection; 173 (UP), Design Pics Inc/National Geographic Image Collection; 173 (CTR), Design Pics Inc/National Geographic Image Collection; 173 (LO), Gordon Wiltsie/National Geographic Image Collection; 174, Ralph Lee Hopkins/National Geographic Image Collection; 175, Albert Moldvay/National Geographic Image Collection; 176, Norbert Wu/Minden Pictures; 177, Paul Nicklen/National Geographic Image Collection; 178, Rebecca Yale/Moment Select/Getty Images; 179, Steven Kazlowski/Kimball Stock; 180, Peter Mather/Minden Pictures; 181, ERLEND HAARBERG/National Geographic Image Collection; 182 (UP), Paul Nicklen/National Geographic Image Collection; 182 (LO), Norbert Wu/Minden Pictures; 183 (ALL), Paul Nicklen/National Geographic Image Collection; 184, Winfried Wisniewski/Minden Pictures; 185, David G Hemmings/Moment RF/Getty Images; 186, Laurent Ballesta/National Geographic Image Collection; 187, Frans Lanting/National Geographic Image Collection; 188, SuperStock RM/Getty Images; 189, Steven Kazlowski/Nature Picture Library

CHAPTER 10: 190-191, Fuse/Corbis RF Stills/Getty Images; 192, David SacksStockbyte/Getty Images; 193, Sanjida Rashid/NGK Staff; 194-195, Photo courtesy of Katherine Seeds Nash from Gatewood family collection; 196, redtea/iStockphoto/Getty Images; 197, MBI/Alamy Stock Photo; 198 (UP), Ariel Skelley/Blend Images/Getty Images; 198 (LO), Sharpshot/Dreamstime; 199 (UP), Hinochika/Shutterstock; 199 (LO LE), LightFieldStudios/iStockphoto/Getty Images; 199 (LO RT), Ariel Skelley/Blend Images/Getty Images; 200, Mopic/Shutterstock; 201, Rinus Baak/Dreamstime; 202, Kristian Bell/Shutterstock; 203, John Downer/Nature Picture Library; 204, blickwinkel/Alamy Stock Photo; 205, Jay Ondreicka/Shutterstock; 206 (UP), Avalon/Bruce Coleman Inc/Alamy Stock Photo; 206 (LO), Anthony Bannister/Gallo Images/Getty Images; 207 (UP), James Warwick/The Image Bank/Getty Images; 207 (LO LE), Frans Lanting Studio/Alamy Stock Photo; 207 (LO RT), Gary Lewis/Photolibrary RM/Getty Images; 208 (LE), Mark Herreid/Shutterstock; 208 (RT), Sari ONeal/Shutterstock; 209, Sylvain Cordier/Biosphoto; 210, Jim Cummingrapher/Alamy Stock Photo; 211, Jukka Jantunen/Shutterstock; 212 (UP), nattanan726/Shutterstock; 212 (LO), Eric Isselee/Shutterstock; 213, Maresa Pryor/National Geographic Image Collection; 214, Robert Postma/First Light/Getty Images; 215 (ALL), Donald M. Jones/Minden Pictures

CHAPTER 11: 216, Noah Berger/AP/REX/Shutterstock; 218, Jim Reed; 219, Viktorus/Shutterstock; 220, Paul Nicklen/National Geographic Image Collection; 221, Nancy Nehring/E+/Getty Images; 222 (UP), Josh Edelson/AFP/Getty Images; 222 (LO), Reed Saxon/AP/REX/Shutterstock; 223 (UP), Ashley Cooper/Splashdown/REX/Shutterstock; 223 (CTR), Pi-Lens/Shutterstock; 223 (LO), Robert Coy/Alamy Stock Photo; 224 (LE), Paul Souders/Corbis Documentary/Getty Images; 224 (RT), Anup Shah/Stone Sub/Getty Images; 225 (UP), Ignacio Palacios/Lonely Planet Images/Getty Images; 225 (LO LE), Howard Chew/Underwater Colors/Alamy Stock Photo; 225 (LO RT), James Hager/Robert Harding/Newscom; 226 (UP), Peter Titmuss/Alamy Stock Photo; 226 (LO), egd/Shutterstock; 227 (UP), Yang suping - Imaginechina/Newscom; 227 (LO LE), Joe Raedle/Hulton Archive/Getty Images; 227 (LO RT), Mariana Bazo/Reuters; 228 (UP), Pung/Shutterstock; 228 (LO), Fotoluminate LLC/Shutterstock; 229 (UP), g215/Shutterstock; 229 (LO LE), Dirk Ercken/Shutterstock; 229 (LO RT), R McIntyre/Shutterstock; 230 (UP), Tormentor/Dreamstime; 230 (LO), Moritz Wolf/imageBROKER/REX/Shutterstock; 231 (UP), Charles O. Cecil/Alamy Stock Photo; 231 (LO), Stefan Gerzoskovitz/iStockphoto

CHAPTER 12: 232-233, Francisco Negroni/Biosphoto; 234, Sanjida Rashid/NGK Staff; 235, Michael Thirnbeck/Moment RF/Getty Images; 236, Science History Images/Alamy Stock Photo; 237, The Print Collector/Getty Images; 238 (UP), Kevin Schafer/Alamy Stock Photo; 238 (LO), Jason Edwards/National Geographic Image Collection; 239 (UP), imageBROKER/Alamy Stock Photo; 239 (CTR), Andrew Sietsema; 239 (LO), Richard A Cooke III/National Geographic Image Collection; 240, Darin Oswald/Idaho Statesman/MCT/Getty Images; 241, Viktor Veres/Blikk/Reuters/Newscom; 242 (UP), Menno van der/Shutterstock; 242 (LO), Thierry GRUN/Alamy Stock Photo; 243 (UP LE), Martin Bernetti/AFP/Getty Images; 243 (UP RT), NASA/Goddard Space Flight Center/J. Dwyer/Florida Inst. of Technology; 243 (LO), Novarc Images/Alamy Stock Photo; 244, Vesteralen Photo/Moment RF/Getty Images; 245, Toshi Sasaki/Photographer's Choice/Getty Images; 246 (UP), Sindre Sorhus/Getty Images; 246 (LO), John Davidson Photos/Alamy Stock Photo/Alamy Stock Photo; 247 (UP LE), Denise Taylor/Moment RF/Getty Images; 247 (UP RT), Viorika Klotz/EyeEm/Getty Images; 247 (LO), Donovan Reese/Photodisc/Getty Images

CHAPTER 13: 248-249, CfA/David Aguilar/NASA; 250-253, NASA; 254, Fotos593/Shutterstock; 255 (UP), AP Photo/Shayna Brennan; 255 (LO LE), Don Smith/Photolibrary RM/Getty Images; 255 (LO RT), Science History Images/Alamy Stock Photo; 256 (UP), NASA; 256 (LO), NASA/JPL-Caltech/Space Science Institute; 257 (UP), NASA/JPL/Space Science Institute; 257 (CTR), NASA/Jet Propulsion Laboratory; 257 (LO), NASA/JPL/USGS; 258-261, Mondolithic Studios; 264, heromen30/Shutterstock

國家地理終極氣象百科
史上最完整的天氣知識參考書

作　　者：史蒂芬妮・華倫・德里默
翻　　譯：陳厚任
主　　編：黃正綱
資深編輯：魏靖儀
校　　對：畢馨云
美術編輯：吳立新
行政編輯：吳怡慧

印務經理：蔡佩欣
圖書企畫：林祐世

發 行 人：熊曉鴿
總 編 輯：李永適
發行副總：鄭允娟
出 版 者：大石國際文化有限公司
地　　址：新北市汐止區新台五路一段97號14樓之10
電　　話：（02）2697-1600
傳　　真：（02）8797-1736
印　　刷：博創印藝文化事業有限公司

2024年（民113）5月二版一刷
定價：新臺幣799元／港幣267元
本書正體中文版由National Geographic Partners, LLC
授權大石國際文化有限公司出版
版權所有，翻印必究
ISBN：471-800-94633-9-4（精裝）
＊ 本書如有破損、缺頁、裝訂錯誤，請寄回本公司更換

總代理：大和書報圖書股份有限公司
地　　址：新北市新莊區五工五路2 號
電　　話：（02）8990-2588
傳　　真：（02）2299-7900

國家地理合股企業是國家地理學會和華特迪士尼公司合資成立的企業。結合國家地理電視頻道與其他媒體資產，包括 《國家地理》雜誌、國家地理影視中心、相關媒體平臺、圖書、地圖、兒童媒體，以及附屬活動如旅遊、全球體驗、圖庫銷售、授權和電商業務等。《國家地理》雜誌以 33 種語言版本，在全球 75 個國家發行，社群媒體粉絲數居全球刊物之冠，數位與社群媒體每個月有超過 3 億 5000 萬人瀏覽。國家地理合股公司會提撥收益的部分比例，透過國家地理學會用於獎助科學、探索、保育與教育計畫。

國家圖書館出版品預行編目（CIP）資料

國家地理終極氣象百科
史上最完整的天氣知識參考書
史蒂芬妮・華倫・德里默 作 ; 陳厚任 翻譯. -- 二版. -- 新北市 : 大石國際文化, 民113.5　272頁 ; 21.6 x 27.6公分
譯自：Ultimate Weatherpedia - The Most Complete
Weather Reference Ever
ISBN 471-800-94633-9-4（精裝）

1.氣象學 2.通俗作品

328　　　　　　　　　　　　　　　　109008074